年轻时

张颐武解读人生警语

张颐武 著

中华工商联合出版社

图书在版编目（CIP）数据

年轻时：张颐武解读人生警语 / 张颐武.—北京：中华工商联合出版社，
2013.11

ISBN 978-7-5158-0796-6

Ⅰ．①年… Ⅱ．①张… Ⅲ．①人生哲学－青年读物 Ⅳ．① B821-49

中国版本图书馆 CIP 数据核字（2013）第 271748 号

年轻时：张颐武解读人生警语

作　　者：张颐武		印　　刷：唐山富达印务有限公司	
策　　划：王　静		版　　次：2014 年 1 月第 1 版	
责任编辑：李建科　熊　娟		印　　次：2022 年 2 月第 6 次印刷	
封面设计：棱角视觉		开　　本：640mm×960mm　1/16	
责任审读：李　征		字　　数：80 千字	
责任印制：迈致红		印　　张：11.5	
出版发行：中华工商联合出版社有限责任公司		书　　号：ISBN 978-7-5158-0796-6	
		定　　价：48.00 元	

服务热线：010-58301130

销售热线：010-58302813

地址邮编：北京市西城区西环广场 A 座
　　　　　19-20 层，100044

http://www.chgslcbs.cn

E-mail：cicap1202@sina.com（营销中心）

E-mail：gslzbs@sina.com（总编室）

工商联版图书

年轻时

张颐武解读人生警语

目 录

contents

第二章
接力正能量（025～047）

心散／分给人名利／务实／告诫／运气／严己宽人／身正／反思自己／

坚持住／分享／做下去／骨气／刚柔／踏实／积累之要／决断／专长／

看淡境遇／韧性／我行我素／反思自己／务本／换位／自信／情趣／

持守平常心／畏无难／顺境逆境／合作／得失／去取／律己／主见／

合作／看清大势／屈伸／冷静对自己／平常心／不自满，不自弃／

祸生于忽／放下／三当／得意之时／不过底线／境界／淡定／谨慎／

随性的空间／自我加压／视野开阔　无所畏惧／出国走走／成器／

贵有恒／知耻／做父亲／纵己／灵光一闪／批评／易者弗久／熬住／

无久处之厌

第三章
狭路正相逢（049～070）

多角度 / 机会 / 过瘾的乐子 / 不顺 / 驼背夹直 / 不屑较劲 / 和众 /

自恋 / 大概 / 借口 / 理无定形 / 爱憎 / 干实事 / 坏习惯 / 好胜必败 /

自以为聪明 / 五心不定 / 错失良机 / 弯路 / 熬出来 / 求己 / 轻狂 /

没主意 / 大兵黄 / 自暴自弃 / 仰高 / 强求 / 颓丧 / 空想 / 太夸张 /

莫名烦躁 / 血气方刚 / 急于求成 / 行之而后难 / 有勇无谋 / 自以为是 /

两极 / 把己量 / 想偏 / 浮浅 / 邪因己招 较真 / 完美 / 愤世嫉俗 /

随大流 / 乱评判 / 唱高调 / 依赖别人 / 犯傻 / 行端直 / 空谈 / 义然后取 /

爱面子 / 爱表现 / 后果 / 彩票 / 见利不见害 / 有事无事 / 松松垮垮 / 辛劳

第四章

青春之对手（071 ~ 087）

没目标／自力／拖拉／过度／小事／懒和乏／少说多做／当回事／运气／

大理想小入口／不顺／大学／把顺境当逆境过／靠自己／面对真实／

身外物／计划／蒙上／去留／奋斗／集才集气集势／言行／信任／时间／

如山风过耳／靠自己／基础／四胜／本末／把握专长／练意志／

业比登山／事不避难／土中有水／开始时／技艺犹存／勤奋／静心／

不可学／志大才疏／拉场子／真本事／发挥才能／打起精神／挑刺

第十一章

温故就知新（145～166）

女拆白党 / 巨人 / 斯诺登 / 足球 / 端午 / 手机 / 移民 / 所谓真理 / 无赖 /

"70后" / 预言 / 中产化焦虑 / 美国 / 怀旧与前行 / 物质 / 合伙人 /

中小学数学 / 虚幻 / 虚张的正义 / 新编辑部的故事 / 致青春 / 及物与不及物 /

杂感 / 跨界 / 微博舆论 / 过激 / 寸铁杀人 / 博客十年 / 明星移民 / 狭隘 /

大城市犯罪率 / 杂感 / 政治人物 / 撒切尔夫人 / 死亡 / 偶然 / 清明 / 环境 /

福利 / 理性看世界 / 黄鹤楼 / 奶粉 / 饿狼 / 部落化的互联网 / 心事情怀 /

新年 / 杂感 / 一点一滴 / 常识 / 流言 / 登高 / 大话欺人 / 看到希望

自 序
张颐武

这部书是我近年来对人生警语的解读阐释的文字的结集，主要选自我的微博。这些文字多数有一个程式，就是常以"年轻时"开头，以"古语说"引一句古语结束。当然也有许多不按这个格式的，但这个格式好像给了这些文字一个较为鲜明的形象。在微博上，这样的文字也受到了不少年轻朋友们的欢迎。他们觉得这些文字对于他们的人生多少有些参考的作用，让他们从中得到了一些启发。于是，这"年轻时"和"古语说"就成了我的微博的一个标志，以至遇到朋友或陌生人常常会提起来，仿佛张颐武这个名字就是和"年轻时"相联系的。一些人看到我就会说，你就是微博里的那个"年轻时"，他们常对我会心一笑，好像对上了暗号。所以这部书索性就用"年轻时"做书名，既是这本书里最常用的三个字，又是对于大家曾经走过或正在走过的年轻时遭遇的问题、挑战和欣悦的一种表达。人都会度过自己的年轻时，这一段的青春岁月其实是弥足珍贵的，也是难以忘却的。我们常会情不自禁地时时回首，虽然钱钟书先生说过，回忆其实未必有价值，但我们依然会情不自禁。这些文字既是纪念我的青春时代的"年轻时"而写的，也是为了今天正在"年轻时"的人们而写的。这本书的价值也正在于此吧。

这些 140 字的短短的片断虽然微末不足道，但毕竟是敝帚自珍。对于我来说是一些认真写作的片断的文字，对于很多朋友来说也还多少有些用处，受到了欢迎。所以结集出版也是让这些文字能够为更多的朋友看到，希望得到大家的指教和批评。如果能够让大家在轻松读来之际觉得有些用处，在大家面对诸多人生的挑战和困惑之中有所会心，也就超出我的愿望了。

这些文字其实是我多年兴趣的一个总结，也是自己的许多人生体会和我引用的前人的警语相遇的结果。想到我和这些前人的警语之间的一段缘分，觉得这是自己人生路上难得的际遇，还是很有些感慨的。那还是我在北大上研究生的 20 世纪 80 年代中期，那时我也遇到了许多人生的困惑，也遇到了不少人际关系的问题和学习生活方面的苦恼。这些似乎都难以找到即刻的解答，常常有碰壁挫折的感觉。自己从小学到研究生就是一直在学校中，处在相对封闭的环境里，对于广阔的社会缺少了解，对于待人接物和社会上处事的基本的礼节等也缺少感悟。但在北大图书馆我发现了不少明清的笔记，其中有很多警语对于自己的人生很有启发，于是就复印了许多这样的书，自己存着时常翻阅，得到的启发很多。古人洞穿人情世故的通达，生命思考的透彻，待人接物的谦和，学习追问的执着都让我常有茅塞顿开之感。我看这些人生的警语常常觉得自己的处事的缺点毛病被说中了，自己的局限和短板以及努力的方向被讲清了。在生活中遇到的问题常常从这样一句渗透着古人对于人生感悟的话中间得到启发。自己走的弯路，从这些警语中也能得到一些反思的机会。这些年来，我还会偶尔读这些人生警句，有时也和学生或朋友分享几句。但这些都是小范围内的分享。

真正感受到这些警语的作用的，是 2009 年我开了微博之后。我是第一批微博的用户，很早就被新浪的朋友拉进了微博。但写微博就要有些不同于博客或短信的内容，不能只是家长里短或高头讲章，我觉得当年积累的这些警语对我自己有所启悟，应该对于年轻的朋友们也会有所启发。就随手发了一些对于这些警语的解读和自己的感慨和点评，想不到受到了不少年轻朋友的好评和赞赏。中国的年轻人有很大的学业压力，从小学到高中，往往都在题海中努力，对于社会和自己周围的环境缺少明智的体察，也缺少人际合作和交往的训练，公共感觉也比较差，又是独生子女，往往会有过度自我或过度情绪化的毛病，一入社会，就会感到许多方面的不和谐和不顺利，往往是点小事就造成很大的挫折感。又在消费社会中，诱惑多多，常让他们的专注精神和吃苦耐劳的能力不足。这些问题都相当明显。我的这些140字的写作常常是针对年轻人面对的这些问题做些说明，然后再用古语给出一些处理的方式和路径。这些年轻人遇到的问题其实我年轻时也都遇到过，也都从这些古语中得到过启悟，所以我把自己的一些感觉写出来，还是能够得到不少朋友的共鸣，觉得感同身受。也有些年轻人的长辈也觉得这些感受对于他们也有些启发。我的微博也有了这样的特色。有朋友说起我的微博里常说"年轻时"，会让人不满，因为你好像在教训人。我当然需要警惕这一点。"人之患在好为人师"，这当然是对的。但这其实是我自己年轻时吃过亏、尝过苦头、受过益之后反思得到的一点点感想，时代在变，做人的方法是相通的。虽然微末，但拿来和大家分享，其实是希望今天年轻人少走弯路。当然在微博中还会谈到许多别的事情，但这次结集出版这些文字就是让这些有关"年轻时"的文字通过编辑朋友的精心编排，能够更好地发挥效果，能够有更广的流传。

感谢在微博里给我鼓励、肯定、批评和讥讽的众多的相识或不相识的朋友。感谢中华工商联合出版社的各位编辑为了我的这本书付出的辛劳。感谢这本书的读者，你们会给我新的教益。尤其要感谢那些人生警语的作者，他们的深刻的人生感悟给了我灵感和启示。这些都给了我自己勇气和力量。我的文字是微末不足道的，但他们的警语却会永远流传下去。我也会继续阐释那些"古语说"而获得更多的学习的机会。

第一章

品行非路人

年轻时常觉得小事无所谓，但有时小事会影响你一生，
永远是个把柄、笑柄。

【警觉】

做对人操守要求较高的工作，要有私生活上警觉小心的意识。各种人想从你这里得好处，都往上贴，就会有麻烦。你以为已经给了好处，对方却觉得根本不够，开始谈感情，对方愿意白送上门。但你的把柄在手就不客气。一不处险地，避免尴尬的局面；二不对险情，避免危险的机会。*古语说：*"*禁微则易，救末者难。*"

【挨骂】

年轻时要学会听不中听的话。谁都不喜欢听，但得学会忍住听完，这是基本修养。一话说得准，骂得到位，就急了受不了，立即回骂，没有意思。有用的记下来，作为参考；二说得不着调听了就算，不过心，因为不着调，更不用反驳。造谣生事一定坚决澄清，但公开批评的始终虚心受教。*古语说：*"*闻人之毁而思。*"

【进退】

年轻时常会一味进取，什么好处都要，什么事都想揽，什么人的便宜都占。这样常会吃亏。一你太心急会露相，周围人都侧面，你急着表现会让上上下下不舒服；二你太过分会失误。常会赌在投机上，跳出来，但宝押错就什么都完了。押对了，也未必是你受益。*古语说：*"*进不知退，取祸之道也。*"干实事真有成绩。

【慎微】

年轻时常不知私人小事上出问题的可怕。生活平淡，受诱惑，心里想着有奇遇浪漫，其实都是很实在的利益。你觉得已经给了利益，对方却觉得根本没有。把柄在人手，就是予取予求。做不到，最后是被所有人当笑柄，也毁了一生努力。**古人讲：谨慎常不是就不受诱惑，而是明白世路的险恶。古语说："一失废前功。"**

【慎言】

年轻时很喜欢说别人的事。一揭人老底，见到人多就会说朋友的糗事，有些有趣，有些就有伤大雅，让人不高兴；二笑人无才。别人有弱点，不善于做的事情，一定拿出来和自己或别人比，说个没完。以为是好玩而已，其实伤人很厉害。无意中其实隐含某种恶意，没必要也没意思。**古语说："出言不慎，祸机所伏。"**

【露怯】

年轻时就得习惯各种煞风景的事。一你想的就是被事实否定。你真心相信的事就是和事实相反，这也没辙，只能让人嘲笑；二你说的话被反对的抓住毛病。你跳得高，说了些瞎浪漫的话被人打脸，这时候还得想开点。较劲强辩没意思，窝囊也得认。**古语说："智者改过而迁善，愚者耻过而遂非。"多思考今后不露怯。**

【嘴贱】

年轻时喜欢在公开场合嘲笑同事朋友。一对人家私事小节，到处传扬，一击中的，如失恋被人甩，喜贪小便宜，爱打呼噜之类，当笑话说；二对人家不痛快的失败，如考试不顺、提拔没份儿都赶紧当众关心。一损人面子，二伤人自尊。其实招人讨厌招人恨。信得过私下说，公开多夸。古语说："一语伤人，千刀搅腹。"

【小人】

年轻时常不知小人像王蒙说的："愚而诈，傻而号叫，不知就里就闹腾，蛮不讲理耍光棍。"他们一是见不得别人有好事，本来不相干，却忌妒得一塌糊涂，就想败你的兴；二是听不得基本的道理，因为有道理就妨碍他浑水摸鱼，急着起哄。他们就是赵姨娘和牛二一类货色，对他们一从容，看透他；二冷静，点破他。

【上当】

年轻时看事情，就只会看人说得好不好，往往上当。字面上好听的，实际上未必有用，其实聪明人都对字面下的实际心知肚明。公司单位里对你好的，重视你的人，常对你要求严格，让你在业务上担担子，其实看好你；要巧妙利用你的，就吹捧迎合你，挑你激你，让你去当内斗的棋子。古语说："不诱于誉。"想透点。

【 纠缠 】

年轻时常在公司单位遇到和你不相干的小人纠缠，像牛二缠上杨志。一招惹你，就是要骂要挑你来气；二纠缠你，没完没了找事，到处闹你告你。前面当牛二的无足轻重，后面一定有恨你的人等着你犯错。**古语说：** "小鬼难缠。" 这也没奈何。一不理，绝不和小人一般见识；二没办法要回击，一定揪住小人背后的阴人。

【 面子 】

年轻时容易争一时的面子意气。一就是不能不出风头，到了任何场合，都要显得我最强、最好，看到别人说了好玩的话，或有成绩，就不忿，要较劲辩个天翻地覆；二就是不能不说大话，到哪儿都情不自禁说自己不得了。其实稍低调反而更容易和人沟通赢得真明白的人信任。**古语说：** "成大事者，争百年，不争一息。"

【 自家心里急 】

年轻时常以为自己的事大得不得了，都该围着你转。稍有问题急得不行，到处倾诉。失了恋，考试不顺利，事业有问题，和周围人说个不停，但别人没你的感受，毕竟隔着距离，家人着急使不上劲，好朋友会操心安慰一下，损友未必不觉得开心。一不到处倾诉，二想办法解决。**古语说：** "自家心里急，他人不知忙。"

【喜怒形于色】

年轻时听到好话夸奖喜形于色，听到坏话批评怒形于色。听到好话，
有真说到位的，更多可能是客套或吹捧。一定要谨慎，多总结问题。
但听到坏话，有善意批评，也会有恶意的谩骂。都不动怒，一发火
让人看轻。不清楚的澄清，说得准或宣泄情绪的表示受教。张居正
说："得其好言，不足喜；得其恶言，不足怒。"

【想法不同】

年轻时看到想法不同的人，火冒三丈，觉得不能容忍。但世界上多
数事情都比较复杂，一角度有不同，二利益有差异。你不喜欢人家
也在那里，就是让你不痛快。这时候急不得。一努力把意见想完善、
说服他；二确实说不服也只好等等，时间能证明你对还是他对。古
语说："人各有心，心各有见。"瞎骂没用、动气无趣。

【帮不上】

年轻时遇到人际关系的模糊地带，常不知如何处理。别人对你好，
不好驳面子，给你利益，常半推半就、顺水推舟；但遇到别人对你
的期望高，觉得他对你很好，你要好好报答，而你却觉得说不上。
这种情况最容易闹翻。古语说："防祸于先而不致于后伤情。知而
慎行，君子不立于危墙之下。"小心划定清晰界限就安全。

【事业上升期】

年轻时常会困惑不解，我事情做得不错却总有人不喜欢我，还拆台捣乱。常是越干得好这样的情况越多。这是人生的常态。一你进步发展，是自己努力，但无形中却衬托得别人不行；二你一路走来，难免有得罪人的事情，也会让人忌恨。古语说："事修而谤兴。"一想开点，没法讨好所有人；二当心点，细致避免硬伤。

【留余地】

年轻时忌讳话说得太满。真是大才，这样也无妨，普通人就不行。一话说得满，做不到，却吊起了爱你的人的期望，也招来了周围人忌惮嫉妒，最后让人看笑话。二话说得满，给自己压力过大，精神紧张，达不到就颓了不敢见人。能做十分，先说六分，做到就远超期望了，皆大欢喜。古语说："不自大其事。"留余地。

【小节】

年轻时对小毛病无所谓。一小节不讲究，穿着不分场合，说话没有分寸，有事必然迟到，会使得别人觉得你不靠谱；二私德上不注意，欠一点钱就不还了，见到异性就举止不太得体，和朋友说话把隐私和盘托出等。这些都不上台面，但其实会影响前程。古语说："勿谓小而弗戒，勿谓微而不防。"当心点是对自己负责。

【容人】

年轻时常会不容人。自己有看法想法，别人反对，见到你成了气候，他也转过来了，你就不高兴，就翻老账，就说投机投靠，是策略。但这是大好事，说明你的想法连反对你的现在都同意了，你要说服的不就是他吗？这会让更多人思考。不能像赵太爷不许阿Q革命。古语说："精诚所至，金石为开。"心胸开阔好办事。

【过犹不及】

有古语对年轻人有帮助："热闹场中，人向前，我向后，退让一步，缓缓再行，则身无倾覆，安乐甚多；是非窝里，人用口，我用耳，忍耐几分，想想再说，则事无差谬，祸患不及。"应该有表现但不能太急切地表演，应该有意见但不能太炫耀地吹嘘。过犹不及，恰当得体，不乱跳，需要表现的时候，从容大方做到最好。

【巧言乱德】

年轻时常常见到危言耸听，觉得真过瘾，真来劲。一下结论斩钉截铁，说一个期限然后说谁谁一定完蛋，什么事一定失败。听了一惊。其实事情到时候没这样，反正厚脸皮就当没说；二吹嘘按自己说的办一定成功，其实知道不可能按他的办，谁按着办谁是憨傻。古语说："巧言乱德。"都是忽悠，姑妄听之笑笑就算了。

【幻想】

年轻时常会对人对事有莫名的幻想。如对女性，看到对你一笑，就觉得人家对你有意思；对于公司的领导等，听到一句鼓励的话，就觉得对方要用你，要按你想的来行事。都是瞎想。一你没实力，别人不会真看重你。二别人对你没需要，不会真来借重你。除了憨傻的，都明白着呢。古语说："意粗性躁，一事无成。"

【敢说还要会说】

有时人在微博上说与其他人不同的话，被一群人骂，就从此害怕，甚至想用取悦唱高调来迎合。其实不必，该讲还是要讲，但人的观点可能是少数，要让多数人能听得进去很重要。一充分考虑对立面观点的合理性；二注意表达的态度，绝不被挑逗上火说极端的。让想挑刺的气死，让其他人有不同的思考。敢说还要会说。

【真风险】

年轻时常看到：别人做事不择手段，捞到了好处；说话撒谎唱高调，行为极不堪，却让憨直的人盲信，就心生羡慕，自己也这样做。其实一是有真风险，一路这么走一定到处都是恨你的，他们会想方设法让你倒霉。二是有真问题，明白人都躲着你，就你自己胡来会犯错。古语说："见人恶，即内省；有则改，无加警。"

【黑白善恶】

我们习惯于天下的所有事情都黑白分明，善恶立判，只要站队就行
了。我们自己一定是真理正义的代表，是正义和良心，而我们的对
立面一定是历史的罪人。但遗憾的是世界上多数的事情复杂得多，
道理不仅仅是一面的。王蒙点明：在这种情况下，"痛骂、高喊、
扣大帽子，捶胸顿足，逞语言之快感"都于事无补。

天下事要都是这么简单，自然问题就解决了，谁都不是傻子。现在
就怕明白人装傻，知道做不到的，知道问题复杂的，反而用简单来
忽悠人，反正不是他面对。在他面对自己的事时绝不会这么简单，
利益看得可是清清楚楚。*太高的调子，太戏剧化的表现都应该琢磨*
琢磨，一笑而过。

【打工】

年轻时常会弄不清利益何在。到一个公司工作，一不合作，开任何
会都唱反调；二和别的公司暗送秋波。又希望公司重用提拔，怎么
可能？其实是你的饭碗，希望它好，干好工作，真想好办法。只嘲
笑捣乱，无间道的卧底当然这样干，但要发展就不能这个路数。*古*
语说："为人谋事，必如为己谋事。"

【 小事情上傻一点 】

年轻时容易较闲真，生闲气，一点小事纠缠在里面出不来，弄得鸡飞狗跳，这不行。王蒙说："小事情上傻一点，该健忘的健忘，该粗心的就粗心，该弄不清楚的就弄不清楚，过去的事就过去了。如果只会记不会忘，只会算计不会大估摸，只会明察秋毫不会不见舆薪，只会强干不会丢三落四……您的心理功能不全。"

【 操守与大势 】

年轻时常把握不住分寸，要不就太狂，全世界都装不下你，眼高于顶；要不就太油，什么都看风色搞投机，什么便宜都占。也常从一个极端跳到另一个极端。先狂一阵，突然觉得不行，又努力装油。这都过了。其实人应该有操守格调，有准则底线。但也要合群，明白社会大势。古语说："做人要脱俗，应世要随时。"

【 背后眼 】

年轻时听到关于自己的议论就上心，到处辟谣到处说，本来没影的事却被自己弄成了事。别人对你本来并不真上心，听到上不了台面的说法，也就高兴一下，未必当成事。你不理不睬小人也闹不起来，就等着你瞎操心。公开指控就顶回去，对下面的议论就一加小心，二不上心。古语说："应无背后眼，只当耳边风。"

【 小心大胆 】

年轻时做事只看一面，小心就怕事，大胆就惹事，最后做不成事。
有两句古语很有启发："非大胆，不足以任事。非小心，不足以处
事。"大胆就是敢负责，有担当，有责任感。胆子太小，什么都怕
就不行。但一定要小心从事，考虑周全，把风险和机会弄清楚。盲
动一定不成。大胆是小心的前提，小心是大胆的基础。

【 不更坏 】

满足一些人，另一些人坚决不答应，但满足另一些人，一些人也不
答应。他们之间拉锯式的较劲没有止息，但他们都不会变成主流。
不可能出现一些人的美梦、另一些人的噩梦的情况。把话说透，生
活中往往总要做出的选择并不是好和更好，而是首先保住不更坏，
然后慢慢努力做到让事情更好。

【 不痛快 】

年轻时总有人让你不痛快。一让你怀疑自己，二让你打不起精神。
觉得干了好多事，却没讨到好，但这时你已经接近胜利了。因为对
立面感到威胁了，他嘲笑贬低你，其实是担心你真成事。你越好他
越说你一文不值。当风过耳，集中精力办成事，用胜利回答他，本
来就不是为他而活。古语说："必有忍，其乃有济。"

【私生活】

年轻时常不知私生活都是事。一没有不透风的墙，还有恨你的人盯着你或专门下套；二你以为靠得住没风险，其实都是要还的，一旦闹翻没退路，撕破脸，什么都捅出来，成了世人的笑柄。钱先生说得透，什么大胆浪漫别人说来都是猥亵的笑话。古语说："不矜细行，终累大德。"人都有欲望，但要明风险、识大体、懂克制。

【小隙沉舟】

年轻时常觉得小事无所谓，但有时小事会影响你一生，永远是个把柄、笑柄。最重要的一钱财，多少都无所谓，关键是清楚让人没话说。稍不小心，就是话把儿、把柄；二男女，以为大胆浪漫，但别人看就是丑闻，抓住了就是笑话，要挟你的也用这些。古语说："勿轻小事，小隙沉舟。"稍顺利就有人恨，防住没漏洞要紧。

【谗言】

年轻时不知道有些劝看着语重心长，其实是竞争对手希望搞垮你，是想上位的希望你倒霉。两种劝最阴毒：一劝你自废武功，说你只要废了最擅长的本事，别人就相信你爱你，其实是让你被人害死才高兴；二是劝你自取灭亡，让你做对自己最不利的事。古语说："无昧于谗言。"态度要和悦虚心受教。但不上当要紧。

【甜言蜜语】

年轻时容易被甜言蜜语糊弄。一被挑唆，被人当枪使，糊里糊涂地进到弄不明白的复杂的人际关系之中，自己以为正义，其实是两方斗法的棋子。两头不是人的常是你；二被耍弄，夸你能干说你好，其实都为了谋取一点利益，利用完立即抛到一边。*古语说："钓者之恭，非为鱼赐也。饵鼠以虫，非爱之也。"多问为什么。*

【闲话】

年轻时常觉得闲话就是无所谓的，说起隐私也和盘托出，到处传播他人的隐秘。一是自己觉得和人知心，就兴奋，什么都说。谁知人常靠不住；二是不注意场合，一群不相干的人，你就大发议论，嘲笑他人。谁知隔墙有耳，你变成笑柄，或糊里糊涂招人嫉恨都不知道。*古语说："莫言闲话是闲话，往往事从闲处来。"*

【小毛病】

年轻时有些小毛病，就是不改，往往会误事出问题。比如睡懒觉，大学里上课迟到常无所谓，但在单位公司误了事，就可能丢工作；比如贪小便宜，从来只吃别人的饭，自己从来没想过埋单，觉得是赚了，其实别人和你交往就有想法。这些事常觉得别人管不着，其实要紧，应下决心改掉。*古语说："勿谓小而弗戒。"*

【多表扬】

唐人杨敬之有诗："平生不解藏人善,到处逢人说项斯。"这说明了做人的一个重要道理,就是要对人多表扬鼓励,见到人有好的地方一定多加夸奖鼓励。这不是虚伪,而是善意。年轻人常以为挖苦人说煞风景的话是真诚,其实败人的兴,也不解决问题。对于问题私下真诚提出,但人多场合多说人好是好人缘的基础。

【得而勿忘】

年轻时不知道守住自己现在不容易得到的东西。现有的基础,已经有的东西,往往看不起,觉得还有更好的要追求,这很对。但一定先守住根基,今天所得就不容易,不珍惜,盲动乱来常常将已经有的都失掉,一无所有再难成长。最怕被幻象所迷,被忽悠所诱,反而招来许多倒霉事。古语说:"有而勿失,得而勿忘。"

【过分】

年轻时常不知道什么是过分,反而欲速不达,弄巧成拙。这样的情况很多。一是利益上想太多,办事上想太少,总想多得少付出;二是听任情绪和幻想主导作为,实际情况和现实条件分析太少。这样常会受到挫折。得到与付出其实一定基本平衡才持久,弄清现实,行动才有根据。古语说:"欲而不知止,失其所以欲。"

【留余地】

年轻时最忌事做绝、话说满。极端就不合情理。事做绝，自己急，别人都不行，只有自己可以，就是你行，也众叛亲离办不成；话说满，觉得没法过了，闹得鸡飞狗跳，也解决不了问题，就是宣泄一下。古语说："处事留有余地步，发言留有限包涵，不可做到十分，说到十分。"不把犯傻当聪明，与人合作看好时机。

【听话听音】

年轻时不知道听话听音，不加分析，其实人说话有其背景想法意图，看透背后才能做选择判断。古人有"四言"之说："谗言巧，佞言甘，忠言直，信言寡。"捣鬼的话最巧妙，吹捧的话最迷人，老实的话最直接，可靠的话最简单。人一不能只听好听迎合的话，二学会面对谩骂忽悠。克制自己的情绪，多过脑子不吃亏。

【被暗算】

年轻时常被人暗算，或由于疏忽，或由于莽撞。一被有心人刻意抓小辫子，挑动情绪，被千夫所指有苦难言；二被小人激得情绪失控，离开熟悉地方钻进牛角尖，为人所乘。人太率真就常被阴毒所害，但这时候反而要平静下来，硬顶住，时间公道，世人并不都容易骗。古语说："要看男儿，须先看胆。"沉住气再出发。

【议论背后】

年轻时要分清议论背后意义，你做得很糟，就像奥运最后一名，反而不会被人骂，大家会说你尽力了真不错。这是积极的，但大家都明白你无足轻重。但你做得成功，许多人会骂你，你进步就占了别人的机会，他就会说你胜利不对，你努力没价值。不计较，继续争取更多胜利。古语说："巧舌如簧总莫听。"有主心骨。

【待人接物】

年轻时应重视待人接物，这样进入职场才可以适应环境，更好进步。一学会和人相处的基本礼节，这样就从容了，见人不慌；二学会和人分享利益，不能独，什么都是你自己的，一定让别人知道你在意他；三学会协调不同人的矛盾，擅于平衡。有这三条自己的做人水平就显出来。古语说："人情之理，不可不查。"

【背景】

年轻时苦恼不能过想要的生活，但看他想要和羡慕的竟是炫富的富二代或被包养有奢华生活的。觉得再怎么奋斗也不能像他们一样。这太荒谬了。什么社会都有这种奇形怪状，西方也会有炫富和情妇。社会一定要更公平，但真成功永远得靠自己，中国真成事的李彦宏或郎朗等都没大背景。古语说："知困，然后能自强也。"

【让人惦记】

年轻时碰到有讥讽呵斥你的，不必火冒三丈。一显得你脾气大，听不得不同意见，二流露出你性格急，耐不住性子。一绝不急，二绝不说情绪宣泄的话。冷静说事实，平和讲道理，感谢指教。古语说："人有讥论我者，必其爱我之甚，不置我于度外也，当和颜以受之，彼乐于言，我得实益。"让人惦记说明你有价值。

【才忌露】

年轻时最怕自恃有才、能干，对于周围同事朋友上级下级都看不起，飞扬跋扈，和你有关的都侧目。这样一没有贴心的朋友，你只有自己的利益，不肯分人利益，人就不会真心跟你；二没有多数真支持，你想法再高，名声再大，也得不到相关人的支持，难免众叛亲离。古语说："气忌盛，心忌满，才忌露。"还得学会合作。

【重用和利用】

年轻时常分不清重用和利用不同。重用是真有用，能力对人帮助大，工作对人不可缺少。重用长了一定进步；但利用就是明知你没技能，没办法，但为了斗对手，造声势或让你充个马前卒起哄捣乱起点作用，就耍着你玩，让你当枪使，耍完别人没事，你被双方抛弃。凭本事干实事要紧。古语说："人心莫测不可防。"

【发火】

年轻时不能控制情绪就很麻烦，要有节制和理性。有些自吹真性情敢发火的，其实只对弱者，或表演有利无害的发火，和他利益相关的他谦恭着呢。一得意不乱吹，有点好事，别人没在意，自己到处吹反而招人烦；二生气不乱骂，乱骂不解决问题。古语说："喜怒不择轻重，一事无成；笑骂不审是非，知交断绝。"

【风险】

年轻时常会觉得大家都做的、并不能上台面的事，做也不妨。大家都在做，自己不做就显得不合群，但有时候倒霉就在于此。大家都这样，曝光还是见不得人，就有人算计你，或者碰上你倒霉被人抓住就没办法。那时候你咬别人说明你很不仗义。小心避开麻烦危险也很重要。古语说："人无衅焉，妖不自作。"懂得风险。

【请人帮忙】

年轻时常会想着别人帮忙，靠人帮助得好处，就幻想别人赏识你对你好。都有可能，但前提是你对人有用，你也能帮人做事。街上看到你有问题，顺手给几块钱容易，把你提拔起来，让你发展就不会这么简单。必须你对人有用，没用别人不会理你。先创造自己价值，提高自己能力最要紧。古语说："愚者一切求人。"

【 沉溺在过去 】

年轻时不能适应失落和挫败，这都是人生的常态。有些好东西就是保留不下来，你怎么尝试都不行，有些好事情就是不长久，你怎么着急都没用。这得想开些。适应问题，解决问题，不能总后悔总沉浸在过去里出不来，这样最没用。过去的问题就此结束，从今天向前努力。*古语说：*"*去时终须去，再三留不住。*"

【 多个心眼儿 】

年轻时常看到摆谱说大话的就佩服，这种人有特点：一骂遍其他人愚蠢之极，只有他最聪明；二说话斩钉截铁，社会按他的办早就变成天堂了，个人按他的办早就成名发财了。许愿明确至极，事情简单至极。见到这样人多个心眼儿，一看他以前许愿落实过没有，二看他说的和实际是否符合。*古语说：*"*简傲不可以为高。*"

【 惜时 】

年轻时其实是人最珍贵的时期，但最不容易珍惜。一难摒除杂念，东想西想，知道有好多事要干却干不了，学习甚至谈恋爱都没精气神，空耗在散漫中；二难抗拒诱惑，狐朋狗友招呼打游戏，微博上起哄看八卦，一天天就过了。最后怨家里不争气，社会不好，都是借口。*古语说：*"*志不可慢，时不可失。*"得靠自己。

【专注】

年轻时注意力不集中是最普遍现象。一想到干一件事可能办不到，心思就像乱草一样，到处爬，一会儿想这一会儿想那，一天过去；二觉得干扰太多，手机聊天看微博，收发快递闲聊天，一天一晃就完。这很严重。一不瞎想，就干这件事；二抗干扰，关键是能够迅速回到正事，接着干。古语说："致专于一，则殊途同归。"

【坚持】

年轻时常不能坚持做事，无论学习工作，稍遇问题，就先颓了。一听不得议论，你干事，旁边玩乐的就嘲笑你傻，会说你俗、你总想捞好处。一想觉得还不如和他们一起混；二奈不得不顺，做事就有毛病，就会有辛苦，一想还不如闲着。但这样你永远达不到目标，看准了就不怕。古语说："待得雪消去，自然春到来。"

【努力】

年轻时努力工作学习，当然是为了今后能有本事，可以进步成功，也会治无聊。每天只是玩玩，老这么着也会觉得没意思。一老消闲也枯燥；二没事干不像样，最懒不干活的也会在别人问起来时说正准备干事业，没有说混混就算了的。所以努力不需要前提。古语说："人皆以饥寒为患，不知所患者正在于不饥不寒。"

【 一烦二累 】

年轻时常遇到好多事头绪纷乱，自己就把握不住了。一烦，不想做，做也没头绪；二累，不能做，觉得浑身没劲。事情一拖再拖，越多越做不了，但总挂在心上。就是睡觉都想着这些麻烦，心里沉沉的。古语说："因循人似闲，心中常有余忙。"一开始从容易的事着手，可以见效；逐渐过渡到干重要的事，有大成果。

【 人品 】

年轻时很忌讳在公司单位想靠搞事获得价值。一、一无所长，靠走正路子没办法，就想靠搞事上位。和谁都闹，弄得同事侧目。好像没人惹你，大家都烦；二、在这里工作不如意，就盼着别的公司打垮自己公司。吃里扒外当第五纵队。最后大家看透你连饭碗都没有，人品靠不住没人用。古语说："利欲熏心，随人翕张。"

【 做好准备 】

年轻时常不知道做好准备的重要。看人会演讲，他一定下面反复练过多次；看人会演戏，他一定准备了好长时间。看起来才华横溢，都在背后用功。常听人说到手就成功，都是成事之后吹的。不下功夫成不了事，做好准备，给你的机会就能抓住。别抱怨没机会，抓住给你的机会就很不错。古语说："有备而来事易成。"

【主见】

年轻时听到议论，常有两种态度：一赶紧迎合，听议论就害怕，什么人说点嘲笑否定的话就立不住；二反感反击，一听负面话就撑不住，回骂不已。都不必。一稳住，还是干自己的；二平和，绝不动气回骂。有恨你的捣乱，有真心建议，都做参照。不动气但有主见，按想清楚的干。古语说："闻见欲众，采择欲谨。"

第二章

接力正能量

年轻时最重两条：一是自己的实力本事，没有这什么都是虚的。所以要努力学习；二是与人合作沟通能力，没有这你走不远，要了解一些人情世故。

【心散】

年轻时就怕心散了，什么都不专注。玩也玩不好，注意力不集中，老瞎想。一在手边要办的事情，就是没心思办，想想就烦，但不干还真不行。越烦越打不起精神干；二没目标心气，什么都累，宅着看网上奇闻胡扯一下子一天。就是没意思，必须立即从容易的开始干，一件件解决。*古语说：* "*一心散则万虑皆妄。*"

【分给人名利】

年轻时很不情愿的是分给人名利。一自己成功，都是自己聪明；二自己有名，都是自己高明。这样对帮你的人或合作者无视，就难走下去。一别人不会跟你合作，计较的会闹起来，不计较的也疏远你；二是弄到信誉坏，都知道你太自私，谁还肯相信你？*古语说：* "*利之所在，当与人共分之；名之所在，当与人共享之。*"

【务实】

年轻时常会有瞎幻想，还什么都没干，就在公司单位一心想着所有人都按你的干。你一无业绩，二靠不住，三无实力，就指望主事的按你说的做，凭什么人家用你那些无用的胡思乱想，你那些从来没兑现过的东西当然让人看不上。人家多少年没用你也做得挺好，就是不买你的账。*古语说：* "*事莫明于有效。*" 干实事。

【告诫】

年轻时常会不屑于过来人的告诫。觉得自己处在新情况，老话老想法过时了。有道理，比如学电脑、上微博这样的技能，老一代学得慢，要向年轻人学。但对待人接物等交往的方式，人性的复杂和人心的微妙，经历多的人就有点优势。多听听就能长见识，看透一些，少走弯路。古语说："人不说不知，木不钻不透。"

【运气】

年轻时常想靠运气做事，慨叹自己运气不济，碰不上贵人。就是你碰上，你没用，别人也不把你当回事。运气来了，如给你机会在公共场合讲话，给你机会演主角，你都可能搞砸，让大家失望，让恨你的人高兴。只能打好基础，有真本事；同时找机会，多试试做，一定不会差。古语说："天时不可幸，地利不可恃。"

【严己宽人】

有几句谈君子准则的古语，很透彻，也不难做到，可作为座右铭："君子直不发人所不白，清不矫人所不堪，刚不绝人所不忍，察不掩人所不意。任不强人所不胜。"坦率但不纠缠别人的隐私，清正但不过度要求人，刚直但不让人受不了，明白但不想刻意揪住人弱点，发挥别人的长处但不硬让人干办不了的事。严己宽人。

【身正】

年轻时不知道人品重要，觉得做事不择手段就行。一被人抓住毛病连你的理想也都蒙羞被怀疑靠不住；二你自己总有话柄落在人家手里，到时候就拿出来说一番。小心两方面：一私德，男女和钱财上稍注意，没有大毛病；二公信，说话做事不太出格，顾及别人的感受。古语说："身不正不足以服，言不诚不足以动。"

【反思自己】

年轻时最喜欢质疑别人，看别人干事就骂。说别人装腔作势，靠不住。到了自己想做点事，就想着别人都夸赞你，说你是圣人，奋不顾身，一心为他人。这当然不可能，别人会严格地要求你，揭破你的毛病，挑剔你的缺点，点明你的虚荣。这就得习惯，天下没有只有你骂人的道理。古语说："责人者，必自恕。"先反思自己。

【坚持住】

年轻时都会遇到不顺利的时期、和你较劲作对的人，这都难免。对方就是有敌意，就是要和你斗，就是要跟你捣乱。你也可能一段时间得不到众人理解，这种情况下更要挺住。王蒙说："你自己精神上应该比对你不怀好意的对手更强大，只要你自己精神不垮，就没有任何人能够把你搞垮。"坚持住同时做得更好更成熟。

【分享】

年轻时最难学，但最要紧的是学会分利益给人。做了事，觉得自己了不起，对周围人轻视，对帮过忙的无视。一事情不成，帮了你也就算了。一旦有成就众人都敏感，会对你有看法；二自己利益到手之前都愿意许愿分人，真到了手就后悔、舍不得。克服小眼眶是为人正道。古语说："据独善者无成，私独利者不享。"

【做下去】

年轻时有一点成功进步的时候，是最容易被人嘲骂的时候。一和你有过节的都又恨又担心，他们会一致嘲笑你傻、不配成功，一定倒霉；二你周围人对你侧目，觉得你太扎眼，一致说你路子走错了，还是和他们一起混混算了。但这时要知道自己，不反驳，做下去，用更多的成功回答他们。古语说："一志足以成万事。"

【骨气】

年轻时不能见人就骂自己家，就是有人说你不骂就是奴才，奴隶也不能那么做。关上门反思的时候怎么直说都应该，家穷，父母不争气都该实话实说；但对着外人每天像炫耀似的骂自己家，说自己每天就想着到别人家当干儿子，就不像正经人。这才叫真奴才。古语说："人必自侮，然后人侮之。"有点骨气别人才尊重。

【刚柔】

年轻时很需要磨炼自己的性格。要避免两种毛病：一是太强悍，什么人都不买账，觉得自己最好，不妥协，不会合作商量，和谁都搞不好；二是太软弱，什么都不敢说，什么想法也没有，稍有挫折困难，就先颓了。有才也要合作，平常也要独立思考。古语说："太刚则折，太柔则卷。"才人多学合作，常人多开思路。

【踏实】

年轻时常会举出乔布斯或"偏执狂才能生存"的例子，觉得与人合作按规矩办事等都毫无意义。这都是对有大才的一招鲜，别人压不住的，多数在高中或大学初期已经显出来了。但世界上多数人都不过是小有才，或根本也就这样，但夸大得就像乔布斯，就好笑，还得循规蹈矩，踏实做事。古语说："人贵有自知之明。"

【积累之要】

年轻时觉得老道理没用，但老道理就是真道理，听了按着做绝不吃亏。老说就是因为说了也没用，常说才能让人记住。朱子曾经引名言："积累之要，在专与勤。屏绝他好，始可谓之专；久而不倦，始可谓之勤。"一要做好一件事一定会失掉另一些东西，二坚持住一定很辛苦。这都是大实话，谁真做到了一定有所成。

【决断】

年轻时既不善于听意见，也不善于做决断。听别人说得顺了心思就怎么都好，不顺耳就怎么都反感。合意的未必切实，不合意的有时合理。但是下决心又仓促，听说的人多就干。但不管谁说，大主意要你自己拿。没人能为你负责，后果都是自己担的，一定自己想明白再做。古语说："凡谋事贵采众议，而断之在独。"

【专长】

年轻时一定找到自己的一个专业或专长，真的搞通一门学问或一个领域。可能要转行，可能未来工作不在这个方面，但搞通一种你就有学习能力和掌握能力；就怕一无所长，一无所事，什么都靠微博知道一点，都能谈论，会指点江山，但什么都是万金油，拿不起来，就变瞎混了。蒲松龄说："怀之专一，鬼神可通。"

【看淡境遇】

年轻时对于自己的境遇太敏感。稍微顺利就到处炫耀，藏不住事，弄得大家侧目。天外有天，那一点成功其实都不足道。自己心里高兴一下就行了，不必显摆；稍微挫折就牢骚满腹，觉得周围人都针对你，恨恨不已，关系紧张。其实一点小挫折过几天就好了。古语说："得何足喜，失何足忧。"看淡些反而容易成功。

【韧性】

年轻时有韧性非常要紧。一有耐心，不着急，绝不能求立即成名发财，打好基础，扎实努力，就有前途。太急了，反而会坏事；二通人情。对人和为贵，多结善缘，能帮则帮。不对人马上利用，利用完就不睬，这样一定办不成事；三明事理，能干该干的一定干，办不了做不到的不乱想。古语说："能克己乃能成己。"

【我行我素】

年轻时会看到有人很搞笑，明明是和对手较劲捣乱，用咒骂希望对手倒霉。别人一较真，就说是真心为你好，尖锐些，是好意。大可不必理睬他，不给他脸就行，因为他本来就是真心希望你倒霉的。只有一防范好，让他捣不了乱；二做好自己，就让他不痛快，气死他。一笑置之，小人无非起哄。古语说："我行我素。"

【反思自己】

年轻时常觉得社会糟，别人坏，制度不合理，只有自己最能批判，道德最好。其实自己操守也不见佳。对人尖刻无比，对己却是自恋，什么都好，有不如意或问题，都是社会所致。社会有毛病，可是你自己也没超过平均数。古语说："身不用礼而望礼于人，身不用德而望德于人，乱也。"能反思自己是人最关键的素质。

【务本】

年轻时总喜欢搞些虚名堂。一、搞花架子，外表看着热闹，但不顶事，如结交许多大人物，其实你对他没有价值，他也不起作用；二、浮在面上，什么都不够专精，到用的时候都不行了。还是要一真肯干，可踏实出力做事有效，小事先办漂亮了；二真本领，到用你时，就能显出来。古语说："君子务本，本立而道生。"

【换位】

年轻时容易言行不一，说话调子高，要求别人严格，对于他人问题洞若观火，但对自己的毛病却缺少起码反思。其实在别人看来你的毛病也非常明显，但别人给你点明的并不那么多。在批评指责别人之前一先想想自己有无毛病，二先换位想想他人选择的理由，然后批评就有力量。古语说："言行相诡，不祥莫大。"

【自信】

看到一个有才华的人引用 M.J.（迈克尔·杰克逊）的一句话："你说我是错的，那你最好证明你是对的。"自信是经过长期的自省之后获得的，所以经得住考验。重要的不是一意孤行，而是已经比对立面更严苛地质疑过自己，把可能发生的一切都考虑在内了。然后你就有信心坚持自己，于是你够强大，谁说什么都不会在意，你会一直向前。

【情趣】

有一则禅偈，极有启发性："鹤立松梢月，鱼行水底天。风光都占断，不费一文钱。"鹤和鱼的行为无非是出于本性，却成了一幅绝美的图画，也享受了世间的美景，他们的生命变成了美的境界。人生之中，处处都有这样的情境，但我们太纠结在利中，缺少这种体会。只要你能感悟会欣赏，人生就会变得更为有趣。

【持守平常心】

年轻时最难是持守平常心。确定的目标，想好的事情，一定不要因为一点事随意改变。也不应该随着境遇的变化，情绪波动太大。当然一点不变化不可能，但切忌随心所欲、朝三暮四，想怎么着就怎么着。要稳得住，平心干自己的，过一段就会见到成绩，远比瞎折腾强。古语说："专于其所及而及之，则其及必精。"

【畏无难】

年轻时一定不要怕困难，一进取发展难，你往前走一定要学东西干事情，过程艰苦漫长，往往就想算了。但这样多了，就再也打不起精神了。二保证平安难，一路走来做事工作，都会有很多意想不到的麻烦，稍一大意就会找上事。总会有要利诱破坏你的，打起精神小心努力。古语说："不畏多难，而畏无难。"坚持住。

【顺境逆境】

年轻时太容易受到境遇的制约影响。遇到顺境就得意扬扬，觉得高人一等，到处吹牛炫耀，搞得大家侧目而视，意见多多，宁肯找能力差一点的人合作；遇到困境就怨天尤人，都是别人坏社会糟，都想害你，弄得别人都躲着你。困难时乐观自信些，顺利时稍夹起尾巴做人。*古语说：*"*处逸乐而欲不放，处贫苦而志不倦。*"

【合作】

年轻时不知合作之道，其实有两句古语说得透彻："*君子过人以为友，不及人以为师。*"比人强也不狂躁，不摆谱，而是和人合作，分利益给合作者，你的事就容易办；比人差，也不是嫉妒和破坏，而是向他学长处能力，对照自己，多反思多行动，自己的事业就有不断的进步。*就怕还不行就摆架子，还没怎么着就狂傲。*

【得失】

年轻时太计较一时的得失，一点成功大得意，一点失败大颓丧。心态摆不平，反而让未来的前程受到影响。成功时尤其要谨慎。遇到问题，一要多争取，看看有没有其他的机会，充分发挥长处，取得更多成就；二要看长远，有些事不公是一时，公道自在人心，谁都会有不顺的时候。*古语说：*"*得而不喜，失而不挫。*"

【去取】

年轻时谁说你几句都放在心上，毫无必要。一关键是事情做成就不怕，只要你努力没有硬伤、把事情做成功，再议论也是羡慕嫉妒恨；二核心是有主心骨，知道自己有道理，一心一意就是坚持，再议论也是风过耳。你取悦他，他还会笑你傻，让他在你的成功面前气死就好。赞美和攻击是兄弟。古语说："去取在勇断。"

【律己】

年轻时容易对人严，对己松。对别人要求多，觉得都蠢都品性坏；对己则都怪到环境，本来没什么拿得起来的，但还是眼高于顶。这样在哪里都被排斥，除了发牢骚一无所长。应该反过来，对自己严些，对他人则体谅难处，要求人做到的先自己做到，别人就愿意和你合作。古语说："律己宜带秋气，处世宜带春气。"

【主见】

年轻时常听到批评就稳不住劲，大可不必。一看什么人说你坏。本来就恨死你的，他咒你骂你再正常不过，一定不理，按你的做，他不开心你就成功了；二看事情的状况，如果你现在发展不错，比别人强，也要防范，但绝不能听风就是雨，瞎盲动。古语说："匠人成棺，则欲人之夭死也。"有主见，知道后果自己担。

【合作】

年轻时常觉得自己最聪明，别人都不行，但他们反而成功，就怀才不遇乱骂，更不顺。可能你才华比人高，但往往你一不重协调，看不起人，动不动发脾气，觉得缺了你不行；二不分利益，成了什么好处都是你的，跟你合作别人都吃亏，别人宁肯找能力差一点的人合作。古语说："专用聪明，则功不成。"发挥能力得合作。

【看清大势】

年轻时常看不清大势，一不清楚时代的潮流趋势，只是一厢情愿，希望世界按你的理想走。把自己的愿望和对于别人的幻想当成真实一定会失败；二到处投机取巧，就想从小处捞好处。只看眼下利益没有长远思路也一定不会走远。前者愣后者油都不成，一明大势，二走大道。古语说："以往知来，以见知隐。"看明白。

【屈伸】

年轻时常会遇到不如意的情况，这种情况也会难以在很短时间扭转。这时一忌颓丧，消沉下去，再也打不起精神；二忌乱动，没意思就索性瞎闹瞎跳，或乱投机乱撞大运。一冷静分析，想透有利和不利条件和自身长处弱点；二做好选择，是忍住等机会还是另找发展空间。曾国藩说："大丈夫可屈可伸，何必过于焦愤。"

【冷静对自己】

年轻时最不容易认识自己。长处优势常常夸大，自己的才华能力往往估计高；短处缺点常常无视，毛病问题都推给社会或别人。事情成功是自己能力功劳，事情失败是社会环境和周边坏人。从来不从自己身上做总结，也就常有阻碍难进步。*古语说：* "*人贵有自知之明，自知其长易，自知其短难。*" 冷静对自己是成功正道。

【平常心】

年轻时常不知有些事不一定能自己主宰，还需要平常心。一是觉得自己最聪明能干，看不起别人，不知道为什么别人就是不用你不喜欢你；二是觉得自己很得意，就随便做事，觉得对但最后遭遇麻烦。一再能干也要和人合作，二顺利时更要谨慎小心。*曾国藩说：* "*聪明太过，常鲜福泽；顺境太久，必生波灾。*"

【不自满，不自弃】

年轻时一不自满，在自己的小天地感觉不错了，就像是班里成绩第一，其实天外有天，自满就只有这一点视野，就发展不起来。世界太大，努力的空间多多，还是要勤奋；二不放弃，觉得什么都不如人，自暴自弃，反正混口饭现在很容易。这样久了失落感很强。*古语说：* "*莫病于自足，莫罪于自弃。*" 相信自己坚持住。

【祸生于忽】

年轻时常不知道什么都是小事积累结果。你有好事，一定从一点一滴做了大努力，明星之类，也是辛苦奋斗的结果，再加一点机缘。家里条件攀比不了，但自己的努力是最后保证；你倒霉，也常是不注意检点，坏习惯成自然，会露破绽，加上有人捣乱就更讨厌。干事防弊都从小事起，古语说："福生于微，祸生于忽。"

【放下】

该放下还得放下。人都逃不脱名缰利锁，追求进步发展人之常情，也是人生动力。但不能时时刻刻都纠缠在里面，也很乏味。弄了半天，也没有给自己一点精神享受，超越情怀。具体事认真办，不放过机会。但总体上看透，知道也不过如此。古语说："无事在身，并无事在心，水边林下，悠然忘我。"心态健康不纠结。

【三当】

年轻时不知道做人的基本，古人有"三当"提醒，可以作为警醒自己的格言："当清，当慎，当勤。"清就是品质好，摆在台面上都不怕；慎就是加小心，让人抓不住毛病很踏实；勤就是努力干，自己一分努力一分收获。品质好则服人，加小心则防人，努力干则成人。服人让人敬，防人没硬伤，成人好事近。把握好自己。

【得意之时】

年轻时遇到高兴的事，得意的事最不擅于处理。一是炫耀，见谁和谁说，其实许多人未必喜欢你成事，跟他说了反生出矛盾，没必要；二是毛躁，一心想着更得意，不注意周围人利益，不考虑其他人想法，弄得和你合作的不高兴。顺利时平常心，谦虚平和，不自恋不倨傲。古语说："君子得时如水，小人得时如火。"

【不过底线】

年轻时或唯利是图不择手段；或爱面子，不敢大胆向前抓住机会。前者太过分，后者太拘谨，毛病都在对自己没想明白。前者拿自己不当回事，别人也不把你当回事；后者太把自己当回事，别人也把你不当回事。古语说："人不自爱，则无所不为；过于自爱，则一无可为。"明白角色，不过底线，抓住机会，积极进取。

【境界】

清人孙星衍有一副对联，最有境界："莫放春秋佳日过，最难风雨故人来。"珍惜美好的时光，多欣赏自然之美。在春秋佳日亲近山水，让人有超然物外的乐趣；在凄风苦雨中独处，让人备感凄凉寂寞之时，相知的老朋友不期而至，一同闲聊，化解了内心难言的苦闷。这是中国人独有的美妙境界，超越了物欲的烦恼。

【淡定】

年轻时容易气得不行，大吵大闹不已。其实问题在于你可能有理，但过度了就会失控，别人只是在旁边起哄看热闹。你们闹得越欢，围观的越高兴，但真要帮你，却都是虚的。王蒙说："以为周围的一切人是魔鬼和恶棍，于是整天咬牙切齿，苦大仇深，气迷心窍，不可终日。这是不可取的。"冷静想明白问题的症结。

【谨慎】

年轻时常不知谨慎是成功基础。一定要知道在两个方面没有大毛病才不会被盯上。一是钱财，最容易出纰漏，一定要搞得清楚；二是男女，最容易受诱惑，一定要分寸把持好。多在明处，避开暧昧含混地带，让人找不到毛病就顺利。凡人都有欲望，但知道社会凶险就要稍稍抑制。古语说："君子防未然，不处嫌疑间。"

【随性的空间】

前人有些境界还是值得学学，想开点，有点自己的爱好兴趣，不仅仅追名逐利，不是每天斤斤计较，自己纠结苦恼，烦闷焦虑，也很无趣。清人徐照有一书房联，让我倾慕："志不求荣，满架图书成小隐；身虽近俗，一庭风月伴孤吟。"看透人生，虽然难逃世俗的羁绊，不必刻意装高雅，但自己有点随性的空间也要紧。

【自我加压】

年轻时给自己加点压力没什么，不必动辄抱怨诉苦，怨气冲天，牢
骚满腹。其实没意思。一珍惜精力旺盛的阶段，下功夫弄通一个专
业，就有看家本事，先有底子就有饭吃；二磨炼自己和人相处能力，
学会利益共享，协调沟通。这些都需要在工作之前或工作的最初几
年弄明白。古语说："白日莫空过，青春不再来。"

【视野开阔】

年轻时尽力把自己的视野弄得开阔些，能够多见识，多听到不同意
见。最怕一是接触第一个能说会道的长者或同辈，就觉得遇到了人
生导师，被他不知道忽悠到哪里去了，再也难回头；二是第一次接
触一种完整的学说，就觉得真理在手，从此听不得什么，脑子僵化
愚钝。古语说："见博则不迷，听聪则不惑。"

【无所畏惧】

年轻时就要勇争第一，有点无所畏惧、不被压倒的气概。不畏惧对
面的对手，更不畏惧流言嘲笑。说你的努力没价值，说你的奋斗没
意思，不如他东混西混。不理他，做你自己，拿更多的胜利回答他。
刘禹锡诗："莫道谗言如浪深，莫言迁客似沙沉；千淘万漉虽辛苦，
吹尽狂沙始到金。"一笑了之，不做生活的懦夫。

【出国走走】

年轻时到欧美走走很重要，但到印度、巴西、南非等和我们发展阶段相近的新兴国家走走也重要。对于发达国家，羡慕崇拜都行，但人家发展几百年，中国 20 世纪就这样的条件，还要努力，世界认识我们也就和印度、巴西、南非一个水平。到那些同等水平的地方见见世面，开开眼比较一下，客观参照。**多种比较更实际。**

【成器】

年轻时最重两条：一是自己的实力本事，没有这什么都是虚的。所以要努力学习；二是与人合作沟通能力，没有这你走不远，要了解一些人情世故。真要成功就得这样锻炼自己，一不能不勤奋冲出限制，二不能不适应了解限制。这些都要战胜自己的弱点。**古语说："应事以精，不畏不成形；造物以神，不患不成器。"**

【贵有恒】

年轻时读书做事就贵在坚持。一做事坚持，不管事大小，你做得好就有更多机会。常会今天积极一下，明天就睡懒觉瞎出神，什么也抓不住；二是记事坚持。要勤记笔记总结计划，现在电子笔记、手机、电脑联动更方便，光靠脑子记不住。这样有几个月面貌就不一样。**曾国藩说："年无分老幼，事无分难易，但贵有恒。"**

【知耻】

年轻时还是要有点知耻之心。青春期狂躁时常不讲理，就靠一群人耍粗野、玩无赖哄闹造声势，这一套对付中学老师常见。但做了成人在社会上就不能用这一套来行事。一不是丛林里的野兽，二不是牛二一类泼皮。学点本事，别变成被老大豢养的小弟最要紧。**古语说："人之患莫大乎无耻，人而无耻，果何以为人哉？"**

【做父亲】

我们做父亲，要有点起码的样子。一是要自己做好榜样，不能搞得獐头鼠目，见不得阳光，不能弄得像流氓无赖张口就是"三字经"。为老不尊，让子弟也学样，让外人看着笑话；二是自己也要自立，不能就想着从儿子身上讨便宜，自信地过自己的生活，让人看着可怜就没意思。**曾国藩说："居家规矩要严，榜样要好。"**

【纵己】

年轻时常不知道洁身自好、谨慎小心的重要。一面不太检点，不注意生活上的自持，随心所欲，觉得没人盯着你；另一面自大自得，以为自己有分量，谁也奈何不得，到处骂到处炫耀。都是虚的。别人没认真和你较劲。真一在意你，盯住你的毛病，你就出乖露丑。所以小心驶得万年船。**古语说："祸莫大于纵己之欲。"**

【灵光一闪】

断桥伦禅师有一偈，境界极高："隐隐烟村闻犬吠，欲寻寻不见人家；忽于桥断溪回处，流出碧桃三四花。"孤独行旅中，听到有了烟村犬吠，终于有了希望，但却到处找不到路，如入迷宫中，陷到鬼打墙的迷惑中了无路彷徨之时，突然灵光一闪，发现生命的希望就在近旁。看到希望时会有迷惑，这时的坚持最关键。

【批评】

年轻时容易有两个缺点：一听不得别人批评。听到批评就冒火，听到嘲笑挖苦就急。善意的批评，提醒有用。恶意的嘲骂让自己小心，也是提醒；二最善于批评人，天下都是坏人、小人，只有自己好，都是他们把事情办坏，把我这样的天才忽略。这最不靠谱。古语说："人生至愚是恶闻己过，人生至恶是善谈人过。"

【易者弗久】

年轻时总会希望轻松得到成功，没这回事。一没有艰苦训练，就是得到一点小窍门，哄得住人一时，也不能持久。没有意义；二没有长时间积累，就是能够靠聪明一时得势，也终究难延续。没有价值。人一定要经过长期刻苦的磨炼和积累才可能有成就，而且能够持久地发展。古语说："易者弗久，难者克终。"

【熬住】

年轻时总想着马上就有成就，发财出名。除了个别现象多数不可能。
除了演艺界或 IT 业，很多领域都有资格限制和正常新老交替，没
有时间熬不出头。一没经过考验，别人也信不过你，需要时间才会
把大事交你；二没成果积累，别人也会看不起你。熬住了要紧。**古
语说："骤长之木，必无坚理；早熟之禾，必无嘉实。"**

【无久处之厌】

年轻时常会急着讨人喜欢，就总想出奇制胜。一、说些自己觉得高
明的意见，表现自己的高明，想用耸动的话，赢得领导的赏识；
二、急着吹捧，说得过度，溢美之词没完没了。都不合适。一能干
事，具体事情总能做好。二是能提切实可行的具体建议，不只发高
论。**古语说："使人有乍交之欢，不若使人无久处之厌。"**

第三章

狭路正相逢

抱怨发牢骚，境遇不会改变。这都要一坚持住，二找机会。从现实出发真行动起来，学东西干正事。

【多角度】

年轻时不太善于从多方面想事情。一、过分热情，一厢情愿。就一心想做成事，没有对前后左右客观情况的充分考虑，常受挫折；二、过分相信，人家说什么都当真事，见到一种说法就觉得是真理。付出不少，结果不良。一办事要想透，二思考要灵活。多方面角度就不会轻易吃亏。**古语说："世事静方见，人情淡始长。"**

【机会】

年轻时总想抓机会，但不全时宜的情况常有。一、真机会抓不住，交给你事情做，如请你给大家介绍情况，准备不足，说不清楚。车站接人也迟到接不上；二、不是机会乱抓。投机闹事想趁乱上位，瞎表现乱议论跳太高，被人利用也被人甩掉。**送上门来的机会一定都抓住，你就成了，不用瞎跳。古语说："智者不失时。"**

【过瘾的乐子】

年轻时不知道麻烦常来源于过瘾的事。你觉得痛快过瘾的乐子，其实会造成祸端。因为这些乐子，必须有很多钱来支撑，你又没有真本事，就不能自拔自保。学会控制自己，识得大体，不是不知道乐子好玩，但也知道可怕。人能做得好不被人抓把柄，往往不是道德高，而是知风险。**古语说："祸生于欲得，福生于自禁。"**

【不顺】

年轻时都会遇到不顺利。一有过不去的坎儿。如考试失败，创业遇
麻烦；二是熬着难受。没大麻烦，就是温饱有余，发展无路。做着
平常的琐事混日子。自己一腔的窝囊说不出来。抱怨发牢骚，境遇
不会改变。这都要一坚持住，二找机会。从现实出发真行动起来，
学东西干正事。古语说："人生不失意，焉能暴己知。"

【驼背夹直】

年轻时太急，容易出问题。一太想实现目标，一下子就办好所有事
情，结果各种矛盾问题反集中发作，自己失算；二太想一下子消除
反对的，反而反对的力量大起来。问题集中暴露，欲速而不达，这
样自己一厢情愿最后是鸡飞蛋打。古语说："驼背夹直，其人不活。"
要做成事，一审时度势，二因势利导，就顺利。

【不屑较劲】

年轻时常心急，想找人辩论打擂台，以便扩大自己的影响。但别人
不理的情况常有，就以为别人害怕你，其实是不屑和你较劲。一你
没有什么实际影响，和你较劲纠缠，只是给你脸，给你机会上位；
二你那一套说法也没什么意思，也无讨论价值，何必和你说。还是
自己干好自己的。司马光说："未然之言，常见忽弃。"

【和众】

年轻时最容易计较小事。争小利，为一点小便宜就闹个不休，宿舍里脸盆如何放，吃了饭结账的事都冲突，到处说个没完；发小忿，就是一点小问题，就火大得厉害、一句话不合，一个主张不对付，就骂个没完。为这些小事翻脸无意义，不喜欢就少来往，今后还能合作。**古语说**："小利不争，小忿不发，可以和众。"

【自恋】

王蒙有个说法很有意思："对自己估计过高，暗暗地自恋是最常犯的错误。人多半觉得自己很重要，很有力量，觉得形势对自己十分有利……自己启动，自己运转，自己反馈，自己论证，实际上是自我循环。""等到一旦发觉事物并非如此，还以为是别人骗了自己，还愤世嫉俗地以为自己更伟大了。"人性的可笑面。

【大概】

年轻时看到为抽象大话争个不了的，就以为真为大话较真。想什么，明白人都心知肚明，都不是傻子。胡适就看出中国人喜欢"名教"，就是用大概念高举高打说事。不管什么名义好听，你那个想法在现实中实现不了，就还是起哄架秧子。说实际的办实际事最好。**鲁迅说**："凡事实，靠发少爷脾气，还是改不过来的。"

【借口】

年轻时常会办砸了事情就到处找原因。认为自己想法很正确，但一对手太坏，捣乱破坏，不配合；二环境太坏，到处是毛病问题、素质差的人。这些造成自己的好想法、好主张实现不了。对手坏，环境坏就是现实，你必须早就想到这些情况，解决问题，把事情做成，做不成就是愚笨失败。古语说："事前定，则不困。"

【理无定形】

年轻时最坏的毛病是一厢情愿。一以为自己最正确，觉得自己说的都是金口玉言，其实你的想法别人根本就没当回事。因为你自己没显出有技能、有经验办事；二批评别人都蠢，其实是你自己糊里糊涂，偏执僵化。都以为年纪大僵化，年轻人憨直僵化自以为是的不少。古语说："事有实据而理无定形。"多换角度琢磨。

【爱憎】

年轻时常爱憎都是极端的。一喜欢一个人就觉得他完美，崇拜得不得了；二恨一个人，就恨得不得了，觉得他坏透了。这样的简单其实没意思，也常会在两极之间摇摆。平常心，知道人性都有限，都有弱点但说不上大奸大恶，看透些。古语说："爱人不以理，适以害人；恶人不以理，适以害己。"瞎捧误人，瞎骂误己。

【干实事】

年轻时在公司单位最重要是干好业务，提高能力，别想投靠某派，打击另一派。自以为得计，觉得有靠山捞好处，都是虚的。新人没水平能力，拉你捧你就是简单利用，让你跳到前台起哄，完了最先抛掉的就是你；对立面更烦你，"文革"时造反派就如此。古语说："位不可以迸趋得，誉不可以朋党求。"不瞎折腾干实事。

【坏习惯】

年轻时要玩命克服自己的坏习惯。这些从小就已定型的东西，难改但必须改。一克懒散，早起二十分钟就办不到，玩牌一夜就不住，只能拼命才行；二克胡招，煲电话粥讲别人隐私坏事一聊一晚，上微博骂人一骂一天，无意义，但就情不自禁。只能下大决心。古语说："立志之始，在脱习气，习气熏人，不醪而醉。"

【好胜必败】

年轻时容易自作聪明。一要最得意，反而被人抓住毛病；二觉得自己厉害，不相信总有比你强的；三总想捞点好处，以为谁都看不出你的小九九；四总想利用一些事情爆得大名，让人都佩服，反而露怯丢丑。古语说："好胜者必败。恃壮者易疾。渔利者害多。鸯名者毁至。"简单点，真干事，机关算尽哗众取宠反而糟。

【 自以为聪明 】

年轻时常会自以为聪明。一会耍人，觉得自己小便宜赚起来没完，
忽悠人没够；二会混事，觉得事情都不用认真办，只要找找关系，
走走路子，没有办不成的。这都是幻想。一难长久。人会明白，事
要落实。一旦露馅，谁也不会信任你了；二会麻烦，人恨你要报复，
事做坏要倒霉。古语说："事不可易成，名不可易得。"

【 五心不定 】

年轻时常会不自信。一做一点事稍有进步，但这时一遇到嘲笑挖苦
哄闹就先怯了，不敢坚持自己。但别人这么注意你说明你有点价值
了；二碰上一点小利的引诱就把持不住，五心不定就动摇了。人家
给你一点小利的时候其实说明你可能坚持住就真赢了。一要看准，
二要坚持，就能成大事。古语说："自守者，人敬之。"

【 错失良机 】

年轻时常错失良机。一机会来时自己顶不上去。如让你在大众场合
介绍情况，讲得含混乏味，下次就不安排你讲了。在单位来这么两
三次，就难再受重用了；二看不准机会，不是机会硬当成机会。如
会议程序已毕，主持人问还有人讲吗，你突然来一大套，就让人烦。
古语说："事善能，动善时。"有真基础抓真机会。

【弯路】

年轻时常着急，做事业还没想好就立即干。一是没想好干什么，就瞎行动，选错方向，一定南辕北辙；二是没想好怎么干，就只管干，没有技巧，不熟内情，一定事倍功半。走弯路难免，但要有效率必须：一踏实学会一些东西，二要对自己和环境有较清醒认识。*敢闯不瞎闯，敢干不乱干。古语说："先谋后事者昌。"*

【熬出来】

年轻时常不了解事情都有个过程，不可能一口吃个胖子或明天就变瘦子。都需要熬，需要时间。一想着不用积累撞大运愿望就实现，是没边的事；二想着只有自己倒霉，也不切实。有时你争了半天就是实现不了的事，到时候一下子就成了。有些你以为不得了的坎儿，到时候就过了。*古语说："衣不经新，何由而故。"*

【求己】

年轻时常期望他人一下子给自己好处，期望自己的愿望突然就实现，嚷嚷两声就成功。可惜的是从来没有这种事。一别人活得好好的，你又没有什么用处，肩不能担手不能提，凭什么讨好你；二想法不切实，别人根本不把你当回事，觉得你不可理喻。要一有实力，二有能力自然会受重视。*古语说："求人莫如求己。"*

【轻狂】

年轻时常会有两个弱点：一看不起周围人，觉得自己有专长能力，觉得旁边人都是混混，无能，但最后却是他们比你更成功；二放言高论说大话。谁都重视你，社会看得起你。但真到了时候，却发现办不成事。还是要谦虚低调，和周围人好好相处。谨言慎行，做好交给你的小事。古语说："轻则寡谋，骄则无理。"

【没主意】

年轻时常会遇到事没主意，一下子就没辙了。一、一厢情愿，什么都只往好处想，遇到问题就昏了；二、一条直路，什么都硬干硬上，只会摆在脸上，什么都想要，却没法要来。一先准备，考虑几种可能，把各种情况都弄明白。尤其坏的情况；二明曲折，知道事情没有一帆风顺的。古语说："谋无主则困，事无备则疲。"

【大兵黄】

年轻时常想学愤世嫉俗的人，觉得有崇拜者。那些人也是辛苦过来有专业的。没下过苦功，连愤世嫉俗的本钱都没有。李敖这样谁都斥责的，其实有深厚文史底子。骂人就像天桥大兵黄，混不长。古语说："山林处士，常养成一个傲慢轻人之象，常积成一腹痛愤不平之气，此是大病痛。"年轻时还是要踏实下功夫。

【自暴自弃】

年轻时会什么都无所谓，想穿了就觉得反正现在衣食都容易，混个温饱还是有余的。于是什么也不想干，连玩都懒，就待着。玩也是最容易最不费劲的。这样时间长了就真什么也不会干，什么也干不了了。一定要给自己加压力，约束自己的行为，才能在社会上站住脚。古语说："自暴者，不可与有言；自弃者，不可与有为。"

【仰高】

年轻时容易眼睛只盯着位置高的人，觉得有用，就拼命巴结，对周围人或不如自己的人就百般轻视嘲笑，随便得罪。其实不应该。一方面是这样很势利，从一般道理上看不合适；另一方面其实未必小人物就对你不起作用。待人客气有礼貌，有分寸，多给人好处，其实绝不会吃亏。诸葛亮说："仰高者，不可忽其下。"

【强求】

年轻时什么事都要强求，常不能成功。尤其刚进入社会，期望太高，要求太高，往往会有挫折。一先从小事上保住成功率，就会逐渐有大进步。连小事情都办砸了，如何让人信你；二对于不如愿的事先有一定准备，理性分析优势劣势，认清自己和他人。绝不一厢情愿胡想。古语说："求之有道，得之有命。"想透点。

【 颓丧 】

年轻时常有颓丧的时候，一事不顺，想的不能如愿，就有怨气，很容易情绪低落；二干耗着，也不能说太差，但也琐事磨人，忙半天不知忙什么，容易混得没目标了。这些时候最要想明白要什么，目标是否切实，定好了就要下功夫做起来。时间熬得起，精力扛得住，就有大进步。古语说："功不十倍，不可以果志。"

【 空想 】

年轻时最容易一厢情愿，把期望寄托在别人身上，以为人家必须按你的办。你本来就是空想，对别人也没好处，只让你捞便宜，别人凭什么按你的办。一不客观，什么事都把幻想当真事，听见风就是雨；二喜盲动，一点小事就冲动得不行，急得不行，反而离目标远了。古语说："宁信度，无自信。"从实际调整自己。

【 太夸张 】

年轻时常会火急火燎，想着违背一切常规就行。社会一日千里，但人情事理还是很难改变。一太离谱的事什么时候都不靠谱，如有个人硬是要送你一百万，说就是高兴，一定有他的深意或让你上当；二太过分的事什么时候都成不了，演得太过还是会砸，太夸张真靠不住。看穿点就简单。古语说："事有反常即为妖。"

【莫名烦躁】

年轻时常会莫名烦躁，就是不痛快，觉得什么都不顺自己的意。一窝囊，觉得都是讨厌的人和事，一股无名火，就是要发泄；二心重，精神压力大，觉得到处让你不安定，都合不来。这样生活就没一点好，长期如此人就变得怨天尤人。可以生气，但不能先气死自己。一韧性，二看开，才能做事。古语说："心大第一。"

【血气方刚】

年轻时常血气方刚，对亲人或长辈的劝告认为很迂腐，妨碍自由发展，很厌烦，但对外人让你大胆的话格外相信。这有道理，许多老式办法确实过时，但基本原则如做人贵在合作、做事要扎实、从小事开始，则是任何时候都需要的。听了不吃亏。外人的话由于他不用负责，要小心听。古语说："听话听音，锣鼓听声。"

【急于求成】

年轻时表现得太急不行，都得有积累学习适应的时间才会行。时间有短有长，但肯定不可能就是明天。熬得住其实是最好的品质，认真选择，扎实苦干苦学，等到你的时间。记住一没有没有准备的成功，二没有没有付出的收获。只有扎扎实实从小事开始专注地做，就一定有成绩。古语说："速成不坚牢，亟走多颠踬。"

【行之而后难】

年轻时容易把事情想得太容易。可惜自己没机会干，真有机会就会干得比谁都好。其实你一无经验人脉，二无学识专长，谁敢让你干？让你干也一定砸。觉得做成都是运气好，站着说话不腰疼，每天空发议论，没一样能拿得起来，就不能进步。古语说："见之而后知，行之而后难。"一学习换位思考，二琢磨具体路径。

【有勇无谋】

年轻时常会有勇无谋，就想着动，却不知为什么动，变成了瞎折腾。还有许多盼你出洋相的，巴不得你倒霉，却起哄着急，说你不乱动不行，阴毒的人最会这一招。其实你只要按照既定的计划做好事情就会成功，因为你现在也过得比起哄的好。古语说："事善能，动善时。"有礼貌地听，多谢人指教，但按自己的做。

【自以为是】

年轻时最忌讳自以为是，人变得僵化刻板，没怎么样先端起众人皆醉我独醒，众人装睡我唤醒的架子；觉得自己最明白，别人不是胆子小就是捞好处，只有我好。其实学的是皮毛，想的是偏执；放纵的是情绪，缺少的是通达。一多知道各种观点，二多了解各种知识。不着急下结论。古语说："不能问者，学必不进。"

【两极】

年轻时常会对人态度两极。自己发展得不好，困难多，境遇不佳，
就讨好人，缺志气，缺靠自己改变的积极心态，总想靠别人解决自
己的问题，依赖思想；自己发展得好，就扬扬得意，不知道问题毛
病，到处吹牛炫耀，甚至本来就一般般，却吹得很过分。其实这样
别人都看得出来的。*古语说："贫而无谄，富而无骄。"*

【把己量】

年轻时不能就想着哗众取宠，一心就想取悦人，就浑不讲理，本来
有正经职业，但却想学成个牛二风采，没人理你，就硬要找人闹，
想挑人毛病造谣生事。基本道理还糊里糊涂，就想着起哄架秧子。
跟你起哄的也走散得快，自己更失落。还是正经做点事对人有点用
为好。*古语说："平生只会说人短，何不回头把己量。"*

【想偏】

年轻时想问题容易偏。太偏的意见想法，发表让人听还行，但就按
着做不行。一没有考虑对立面的反弹力，二没考虑复杂的变数变量。
就会一厢情愿，什么都往自己好的方向想，根本不靠谱。好多人办
事总不成，就是靠幻想过日子的结果。就像下棋，高手总是得考虑
对方最佳手法时自己能赢。*古语说："义贵圆通。"*

【浮浅】

年轻时常会因小失大，原来没见过，一见就觉得不得了。原来没听过，一听，也觉得无限佩服。不知道天外有天，山外有山。容易觉得还不错，失掉努力的意志和决心。一太浅，小成即安不思进取；二太浮，一点事自己已经瞎陶醉了，说得满街都是，其实还很虚。古语说："贪他一斗米，失却半年粮。"

【邪因己招】

年轻时常听不用负责的人的劝告，赔了夫人又折兵。一傻，不知道劝你的都有他的想法，最后你倒霉他才不会管你。你自找；二愣，不知道自己的利益和好东西在哪儿，就轻易被哄走了。常见被花言巧语骗得生活无着的。一开眼界多知道点事，二看牢自己有的不被骗走。古语说："邪因己招。"明利益，知好坏，先看住自己的。

【较真】

年轻时喜欢较真，什么事都不放下，很苦恼焦躁。一见不得不合心意的事，比如回家没见到做好热饭，一肚子火随时对父母发，过去种种不好都扯出来；二见不得不合自己眼缘的人。人和你见解不同或比你会做人比你有才，就看着生气找事。这样的不顺人总要遇到，得平心静气。古语说："人情世态不宜认得太真。"

【完美】

年轻时常想要完美。如一定要最理想伴侣，又漂亮又能操持家务还有钱，其他都不合格。只能自己耽误了。对单位也是如此，要求对你又好工资又高又不用干活。觉得自己过得不好，就跑到国外，满怀期望，最后发现一样不好，只能打肿脸充胖子。古语说："利之中取大，害之中取小。"什么事都有两面，不犯傻。

【愤世嫉俗】

年轻时一觉得改变世界易如反掌，不知为什么还不按我说的干；二觉得自己的才高能力强，不知为什么大家还没把自己当回事。前者容易愤世，觉得社会真是一团糟，只能终日发泄。后者容易嫉俗，觉得蠢人遍地，只能终日骂街。世界时常有你根本不摸门的复杂，多看多想长见识。古语说："人情之理，不可不察。"

【随大流】

年轻时常想讨所有人的好。于是就随大流，看别人说时髦话也跟上说；看别人行事的路子就跟着。凡事就想通过取悦讨好得便宜，搞得只会察言观色。一人千差万别，讨好这些就得罪那些；二今天讨好，明天情况一变就让人讨厌，想跟着讨好都不可能。古语说："羊羹虽美，众口难调。"知道趋势有原则，就会得到大家认可。

【乱评判】

年轻时喜欢很轻易地随便评价人，一是仅仅由亲疏看人，和我密切的一定好，否则就坏，这样看不准易被利用；二是仅仅凭好恶看人，看对了眼怎么都行，看不对了怎么都坏；三是凭自己兴致看人，兴致好时都好，不好时都不好。这样乱得罪人乱夸奖人都不靠谱，心里有判断不乱说。**古语说："古之道不苟誉毁于人。"**

【唱高调】

年轻时不能只学唱高调，什么都觉得别人不行，道德低，格调差，办法少，靠了你什么都解决了。其实是梦话，你还未入门看些皮毛，以为得计，真让你干就一筹莫展，就如马谡，觉得就是干不成吹了也捞一票。想靠忽悠上位偶尔有成的，但倒霉的更多。**古语说："恶诸人则去诸己，欲诸人则求诸己。"**踏实干靠谱。

【依赖别人】

年轻时常想依赖别人成事，没有有关系有大钱的家长就抱怨，骂富二代，却隐隐想着自己为什么倒霉没有好爸爸。一心想着攀附找关系寻门子，其实这些可能有点用，但你没本事其实都不行。富二代不争气会败家，投靠人没本事，没人搭理你。自立有本事，勤奋有目标最管用。**古语说："望人者不至，恃人者不久。"**

【犯傻】

年轻时常会犯傻，公司里打份工，本来稳当，不如意却不是提建议促改进。本来不是别的公司的卧底，却大闹大跳，恨不得公司倒掉，以为有大便宜。其实公司倒了，你无一技之长，谁也不当你是块料。看你能闹，别人也烦你，弄到基本生活有问题的常见。被人耍却自以为聪明。古语说："自作孽，不可活。"想明白很简单。

【行端直】

年轻时常不知检点，有些小节细事觉得自己可以狂放一下无所谓，觉得这样痛快爽，都有有心人记住。到了你顺利就曝出来，就是多少年之后也会变成问题，就是私下场合也会有人随时记住，为了私怨或矛盾。天下就有不让你痛快他就痛快的人。多个心眼儿，自我约束。古语说："人有祸则心畏恐，心畏恐则行端直。"

【空谈】

年轻时最忌空谈，正好学本事，干事业。不能没有一技之长就议论纵横。看别人什么都不行，但自己也一无所长。别人只会认为你是空忽悠。看看到处议论的，都有主业不错，别人总会觉得有点可取。人微言轻并不只是社会地位，也是自己缺少信誉。古语说："稳坐高谈万里，不如实践一程。"实干出信誉，言论有空。

【义然后取】

年轻时太急躁，什么都表现出来，这其实是吃亏的。话一定要在合适的场合说，人家家里过生日，大家吃饭，你非嘲笑他浅薄就不合适。背后提醒很必要，当着众人大谈别人缺点就形同故意捣乱。好处是你的就是你的，但一定要取之有道，不能什么利益在前就抢，一定被众人反感。**古语说：**"时然后言，义然后取。"

【爱面子】

年轻时爱面子，不懂也不愿意问人。一点小关节小问题，也憋住不问，怕人看不起。其实真让人看不起是最后由于没弄明白而失败的结果。一般来说别人对于你虚心求教都会很高兴，除了他的独门秘密未必愿意说，但其他的只要你多问，都愿意讲。不知道的多请教人进步会快得多。**古语说：**"君子不羞学，不羞问。"

【爱表现】

年轻时喜欢表现自己，也喜欢认定自己最聪明，他人都是傻瓜。这没意思。一别人其实未必不都明白。如给人贺生小孩，说孩子最终会死就煞风景。虽然是真理，但不合适；二自己可能不知道前因后果，当着一个人嘲笑另一个，别人不说是知道这两个是情人世交。**古语说：**"不自见，故明；不自是，故彰。"清醒要紧。

【后果】

年轻时干一件事，常不会想到后果有两种，成功或失败。常一厢情愿，只想成功后的美景，但有时客观条件还是自己条件不具备，盲目上常会吃亏。还是要审时度势，看到问题的两面。王蒙说："准备革人的命者，必须有被人革命的准备，没有此种准备最好不要轻易把自己的脑袋往革命先锋、革命闯将的堆堆里扎。"

【彩票】

年轻时常想着一下子赚大钱出大名。没有这回事。确有全凭运气的，但那就像彩票，靠不住。一要实实在在做事，就是你的本事能力或你的资源有人需要，你就有机会了。人就要找你做事了。二要踏踏实实做人，有点信誉和合作能力，不太过分，这样大家都愿意和你合作。古语说："利不可以虚受，名不可以苟得。"

【见利不见害】

年轻时常容易一厢情愿。一常听到人说自己马上就要成功，出国发财，创业成功。对于风险全无考虑，最后结果常出乎意料，就怪环境和他人。二常看到一点小利马上就上，不想后面的问题。一被自己忽悠，二被别人忽悠。多想到问题，多思忖风险。古语说："人见利不见害。"

【有事无事】

年轻时容易浮躁。没遇到事，就说大话，耍脾气，天下都装不下你。但一旦真遇到事，却马上精神垮了，立即就显得很怂。这样最没用。没事不惹事，小心为上，对风险多评估，慎重避开；但碰到事，就是要硬顶住，坚决往前走。*古语说："无事时，常照管此心，兢兢若有事；有事时，却放下此心，坦坦然若无事。"*

【松松垮垮】

年轻时绝不能整个人松松垮垮。一什么都不干，看见别人努力就说他就想向上爬，哪里有你人格高。你就是不同流合污，每天骂人痛快。也是一种活法；二发呆发愣，一心想干大事，但具体每天早晨起来就心里有无穷杂念，想东想西，再上上微博微信扯一会就一天。不能如此。*古语说："处世而常逸者，则志不广。"*

【辛劳】

年轻时不知道要达成任何目标，都要付出辛劳。靠福利在全世界也就是最基本的生活。人生一开始就想靠福利，那就颓了，没指望了。想总不至于没饭吃，睡懒觉打牌玩游戏逛微博，一天天这样过，到时候什么都拿不起来。抱怨别人不给机会，就没意思。*古语说："天上若无难走路，世间哪个不成仙。"*把自己当回事。

第四章

青春之对手

打起精神，努力奋斗是唯一的办法，偷闲无出路，偷懒无机会。

【没目标】

年轻时无论如何要确立一个目标。一克服懒惰消极靠目标。没目标就瞎混，一天到晚打牌玩游戏睡懒觉；二克服怨天尤人靠目标。没目标就牢骚满腹，小小年纪，什么都没干就学出一副失意老者的尖酸刻薄，一肚皮不合时宜，一脑子愤愤不平，觉得全世界都对不起你。最无聊。古语说："品卑由于无志。"定方向要努力。

【自力】

年轻时太着急，总想通过取悦人获得点好处，往往失算。一取悦了这些人，得罪了那些人。你的行为让其他人看在眼里不爽，反而倒了霉；二你没有真用处，就是取悦，说点吹捧好话，别人也还是觉得没用。靠取悦其实靠不住。一真干活有用处，能解决问题。二真有专长，谁都奈何你不得。古语说："有志者在乎自力。"

【拖拉】

年轻时常会拖拉。什么事都是逼到头上还没做，考试没复习，文章要交还没写，惦记这事，但就没精神。积得多了，就有巨大压力，也完不成。其实也没干别的，就是魂不守舍，东想西想，玩也玩不好，这事还在心里。没办法，立即硬干起来，坚持，不瞎想就好。古语说："凡事要做则做，若一味因循，大误终身。"

【过度】

年轻时不必凡事都做过度引申，如遇到人际矛盾就上升到中国人恶和坏，中国没指望了之类，到了美国发现公司里提职等也还是有人际关系问题。到哪儿都逃不了，该怎么解决就解决。不如意换个地方也行，对和你有矛盾的反击也可，熬着过一段也可能就好了。古语说："事莫贵乎有验。"太虚没用。

【小事】

年轻时还是要稍注意具体事。一开始做事，交给你的肯定是小事，别人凭什么在你没显出任何能力的时候就把大事交给你。像接个人都迟到，准备点纸笔都办不了的情况，只要出现几次你就被人定型了。另外对于自己生活的小事也稍检点一点儿，抓不到大毛病。这样积累就顺了。朱子说："审微于未形，御变于将来。"

【懒和乏】

年轻时一定要和懒与乏作战。一抗懒，就是想闲待着，一片空白，连玩都没精神是经常容易出现的。只能硬摆脱；二抗乏，干一会儿活，做一会儿功课就累，觉得再也没劲了，而且这种情况一干事就出现。只能硬挺住。没什么好招，一早起二十分钟，二多坚持一小时。古语说："心要常操，身要常劳。"没别的办法。

【少说多做】

年轻时常会到处讲自己的大志向。一说已经大有希望了，才分世界都知道，谁谁赏识自己说你必然成功；二常说自己正在做许多事，一旦成了就不得了，成就世界都知道。这都需要用实际情况来证明。少说多做最好。有时说是多吹让自己没退路，但不说做到了就行。**古语说**："**以实心励实行。**"少吹理想，立下志就干。

【当回事】

年轻时遇到大事，常准备不足。像在公共场合演讲，重要考试，真到了时候就是不行。一这因为各种小事纷至沓来，都要办，大事离得时间远可以拖，但真到了就来不及；二知道大事，但又有侥幸心理，觉得自己混到时候能过关。或期望贵人到时候相助，都是没影的事。**古语说**："**任大功者不以轻敌。**"当回事就好。

【运气】

年轻时常容易相信运气，觉得运气不好，办事不会成功，自怨自艾，牢骚满腹。其实运气来源于实力，机会是给有准备的人的。一踏实练本事，弄通一个专业，有个看家的本领，在什么时候都有用。机会来了就顶得上去；二学会和人打交道，扩大和寻找机会；让人觉得你可信可用。**古语说**："**天命难知，人道易守。**"

【大理想小入口】

年轻时常不知道做事的艰难。一想法太简单，从书上看的答案，外面见的事情，觉得拿来就能用，按我的做早就好了，其实问题复杂，牵一发动全身；二目标太高远。目标一下子太大，什么都要一下子就搞成，不能脚踏实地做具体事。在这两个方面吃亏倒霉的人太多。古语说："行之而后难。"多想，实干，大理想小入口。

【不顺】

年轻时面对不顺是最磨炼人的。遇到困难常会一急躁，觉得凭什么我就不成，过度地反应，本来没多大事，到处闹，胡乱针对人，反而无助于发展；二颓丧，什么也不想干，觉得绝望了，就干脆自暴自弃，瞎混一通。都不行。一冷静些，看明白究竟；二从容些，该如何做掂量好再行动。古语说："事难方见丈夫心。"

【大学】

年轻时，特别是在大学前期到工作初期，这段最专心，没有诱惑干扰和复杂情况，专心准备。一要打好基础，弄通学习方法，弄熟基本知识；二要能够和人合作，学会踏实做好小事，和上下左右的人都能相处愉快。到了真发挥的时候顶得上。这一段心浮气躁，胡思乱想就麻烦了。司马光说："本强则茂，基壮则安。"

【把顺境当逆境过】

昨天听一位老先生讲做人之道，有一句很有意思。他说："*要把顺境当逆境过*"。在逆境中，人受了挫折，有了困难，就应该"处处小心谨慎，事事努力向上。"这样就可以慢慢摆脱逆境。顺境时人容易自高自大，不把别人和社会当回事，就会受到教训。古人都认为处顺境比逆境要难得多。会处顺境，逆境就会少些。

【靠自己】

年轻时常对别人有不恰当的期望，而对自己缺少现实的期待。对别人常指望他一举解决自己的所有问题。离谱点的幻想别人把一大笔遗产给他。但却缺少对自己努力的期待。其实要吃饱饭靠社会现在办得到，但要过得好只能靠自己努力，古今中外都一样。*古语说："修己之备，无恃于人。"*靠自己最踏实，积累就成。

【面对真实】

年轻时常不敢面对真实。如春节回家最反感人问有没有女朋友，收入和职场发展。也不是过不下去，但未必如期望却尴尬，也怕邻居亲友看不起，或含混其词，或打肿脸充胖子。很多渲染海外神话的也是如此，出门混的还不如国内，回来就说海外比国内阔多了自由多了。想通点，没人真在意。*古语说："冷暖自知。"*

【身外物】

年轻时太着力于身外物也不行。人应当奋斗追求，没有这些人生就没有精气神，但太计较太较真，一点小利都过分算计，总觉得自己吃了亏，反走不远，同学同事之间，上下级之间，都关系紧张。想透了，不计较一城一地的得失，不太算蝇头小利，你就开阔大气，反而容易成。**古语说：**"**物以养性，非所以性养也。**"

【计划】

年轻时常做事无头绪，没计划。东一榔头西一棒槌，一会儿一个主意，这样没有重点，忙个不停，却还没效率。一还是定个目标，有人说目标实现不了，其实只要不空想，把计划分解成一个个更小的目标，就容易些；二还是学本领，有一招别人拿不起来的，你就厉害了。集中精力不乱就会进步。**古语说：**"**事无备则废。**"

【蒙上】

年轻时在职场容易就想蒙上得好处。一对人有幻想，幻想闹一下，表现一下虚头巴脑的好词好句，就能掀起大浪，得到大便宜。想着比顶头上司高得多的人能给自己赏识；二对事有幻想，以为一闹一哄，别人都会跟上一起来。都是虚的。有真实力办法就不幻想，能做就做实了。**古语说：**"**一语不能践，万卷成空虚。**"

【去留】

年轻时常有对公司单位有看法的时候，要看你是希望公司单位好，还是希望和它闹起来。若还希望继续干下去，就要私下和领导交流，温和提建议；如果忍不了要闹，那就离开闹个痛快。最无聊的就是又不舍得离开还想讨便宜，又闹得天翻地覆。这样大家看你像笑话，你自己也无趣。古语说："愚者逆理而动。"

【奋斗】

年轻时不知道什么时候奋斗都不晚。只要你真下决心开始干，就有成绩，未必能完全达到你的目标，但会有大收获。就怕老下决心，一两天后又回到懒散；也怕漫无目标，以靠单位福利好或靠家里为唯一的目标。真干几个月人就不一样，立即开始。朱熹说："闻道有早暮，行道有难易，然能自强不息，则其至一也。"

【集才集气集势】

年轻时最要努力追求大目标。胡林翼说："办大事，以集才集气集势为要。"决定一生的机会，怎么样也要努力拼搏。集才，就是专注，心无旁骛，自己的力量用到最大。集气，就是决心，有一股舍我其谁、非成不可的劲头。集势，就是调动一切有用的资源，一切相关因素都考虑到，成为你的助力。抓关键真干就成。

【言行】

年轻时常有两个缺失：一是空发议论，不干实际事，不说切实话，只是批评别人不行，什么都错，但他自己的想法也就是陈词滥调；二是做事不坚持，三天打鱼两天晒网。一会儿兴致高就折腾一下，一会儿又玩游戏了。什么都把握不住，由着性子闹，最后会很无聊。还是需要静下心来，熬住干事。**古语说："言有物行有恒。"**

【信任】

年轻时总想受信任，有名誉，但这都不是一天或靠搞怪能实现的。才气天分机遇都有些，但重要的一要积累，对你信任先是小事做得好，当明星先演好小角色，做学者得一篇篇发论文。没有这就不会真有声誉；二要谨慎，一路走来没有硬伤被人揪住，不被一打就垮。**古语说："名不可以虚作。"**

【时间】

年轻时不知道时间紧迫，其实一晃一年就过去了。正当年精力好，稍集中踏实干一件事，怎么都有所成。就是做不到，一发呆，什么都想干，什么都没干，一天天在那儿胡思乱想；二贪玩，什么都喜欢都投入，打游戏K歌，就是烦自己的正业。专注努力，人没后悔药。**古语说："人间只道黄金贵，不问天公买少年。"**

【如山风过耳】

年轻时一听网上有人议论你，一看周围有人说你，就慌了，挺不住。以为当年"文革"时的两报一刊社论，给你定了性，没这回事。一自己没硬伤，站得住；二不乱回应，不瞎反击瞎道歉自乱阵脚，就干自己的。都是风过耳，挺住三天就过去了，该干吗还干吗，过一段还有更多人理解支持。古语说："忧患如山一笑空。"

【靠自己】

年轻时容易一看不透，对别人幻想多多，什么都希望别人给解决了。对于托人情或撞大运太热衷，最后总是失望；二不努力，经不住诱惑，没办法专注干事，无足轻重被忽视。只好怨天尤人。社会和别人当然都应该更关爱你，但世态炎凉几千年哪个社会都难免。古语说："世情宜淡，立志贵刚。"靠谁都不如靠自己。

【基础】

年轻时一容易急功近利，太想马上成功，太急着出头；二容易夸大其词，什么都头头是道，但什么也拿不起来真做。就像马谡，一无用处最后被斩。这样反而多会遇到挫折。因为你基础不牢，事情的奥妙还没参透做不了。还是要一冷静观察弄清楚，二低调踏实干实事。古语说："劝君着脚须教稳，多少旁人冷眼看。"

【四胜】

年轻时不明白最简单、都明白的道理最难实行，但只要稍坚持就有成效。古人有"四胜"很清晰："力胜贫，警胜祸，慎胜害，戒胜灾。"努力奋斗就不会没饭吃，小心警觉就不会有祸害，慎重自持就不会被人黑，尊重规矩就不会遇灾难。这些都是基本道理，但一容易受诱惑，二容易太贪婪，三容易太懒惰，都看自己。

【本末】

年轻时常不知学一种专长重要。一混日子，无目标无想法，漫不经心，东想西想，就是谈恋爱也没有真行动；二乱行动，到处碰、到处钻，总觉得人际关系解决一切，拉关系搞活动，却不知道你没有用、别人不需要你，关系就是虚的。一选择、二坚持。找一个方向弄深了，再干什么都有谱。古语说："但得其本，不愁其末。"

【把握专长】

年轻时常觉得别人运气好，好事总到他头上，其实他在后面的坚持、艰苦常不为人所知。天下撞大运的事有，但没法把握，只能不想。其实一熬住时间长，别人熬不住你熬住了，就有机会；二有不可缺少的特点，有了你的一招鲜，别人最后总要想到你。坚持努力，把握专长。古语说："勉力务之必有喜。"一心干自己的。

【练意志】

年轻时常爱舒服喜自大。现在不管什么家庭，都是宝贝，生活比上几代好太多。于是一娇气，承受力极弱，稍有物质问题、生活挫折就受不了，呼天抢地，抱怨不迭；二狂气，自己最了不起，办天下事都如探囊取物，其实除了网上发泄一无所能。曾国藩说："艰苦则筋骨渐强，娇养则精力愈弱。"练意志干实事就会成才。

【业比登山】

年轻时一是杂念多，心思乱，一会儿就有无穷思绪，东想西想，什么也干不了，一天就耽误了；二是东窜西窜，什么都有兴趣，但深入一点，发现都要花大功夫下大力气，立即就抛了，总要选最容易混的，结果什么也抓不住。一少瞎想，二真干事。古语说："志犹学海，业比登山。"其实人都差不多，就在是否肯干。

【事不避难】

年轻时总有畏难情绪。和人交往，怕人不理你；学东西，怕复杂学不会；干事情，怕麻烦就算了。这样时间长了人就颓了，越弄越怕，什么都提不起精神，打牌玩游戏上微博都容易，干正事都麻烦讨厌。凡事不让你入门后就烦、觉得枯燥的，常没用。古语说："志不求易，事不避难。"下决心有耐心，熬住了就有成绩。

【 土中有水 】

年轻时觉得自己聪明有才，自视很高，期望很大。但不艰苦努力，其实什么也兑现不了。会写，就得每天坚持几千字；会唱，就得每天练声。什么做到一定程度就会乏味，但突破了，就到了新天地，就自如了。古语说："土中有水，不掘无泉。"不偷懒，不给自己借口。

【 开始时 】

年轻时常开始时大意，后来收拾不了。觉得自己行，自信变成自负。一不注意细节小事，觉得无所谓。但常常就是小事被人抓住毛病。虚荣浮躁，放任自流；二轻信小人挑唆鼓噪，没边的事复杂的纠缠陷进去不能自拔，轻易就坏了事。古语说："与其巧持于末，孰若拙戒于初。"知大体，明事理，懂风险，多思考，就顺利。

【 技艺犹存 】

年轻时下功夫掌握一种技能、本事一定不吃亏。一是靠这长处能给自己平台，真把一招鲜掌握住了，别人在这方面不得不借重你，你就不无足轻重。有事就要想到你；二是触类旁通，这一招做好了，转到其他也容易。真有本事到哪里都吃得开，缺点别人也容易忽略。古语说："虽失万事，技艺犹存。"人生最后是靠自己。

【勤奋】

年轻时一定要下决心勤奋，这没话说。懒要天天克服才行，说一遍，想一想不够的。一懒得干正事，就是在玩上下功夫，其实也没真玩成专业；二懒得闲待着，睡觉胡思乱想。心里也着急想干事，就是急了半天也不办。曾国藩一生和懒作战："勤字为人生第一要义。勤至而勇亦至焉。"勤奋一段立即见效，人也自信。

【静心】

年轻时最容易有两个问题：一是静不下心，学不进去，烦躁、浮躁、焦躁，什么都三分钟热情，精力不集中。也知道主业最重要，但就是深入不进去。狐朋狗友，游戏消遣占满所有时间；二是自作聪明，觉得什么都明白，都是皮毛，其实根本还没摸到门，被人耍着玩。古语说："学须静也，才须学也。"先静心，扎实干。

【不可学】

年轻时有两件事不可学。一是耍弄人，为了利益或取乐，耍着人玩，说了不算的花活儿，忽悠欺骗的计策，都有点儿用，但最后让自己没人信没人帮；二是迷于玩，玩不出名堂的每天沉迷，摆在面前的具体事就是不办，混得痛快，玩得爽快，但最后一定一事无成。古语说："玩人丧德，玩物丧志。"团结人练本事，坚持住。

【志大才疏】

年轻时常有志大才疏之病。一、一厢情愿，看到别人某方面有成绩，自己就瞎较劲。如看到明星风光，就要当明星。不考虑特点，白浪费时间；二、能混就混，什么事都要长期艰苦地磨炼。见异思迁，偷懒耍滑，一定一事无成。古语说："物情大忌不量力，立志亦复嘉专精。"发现长处，咬牙坚持，天资加努力是成功捷径。

【拉场子】

年轻时还是不要让父亲出来给拉场子，很不像样子。自己是成年人，有事还得自己担，不能一块起哄架秧子。一还在卵翼之下，不能自理；二没有主见，像没头苍蝇。父亲也大可不必成了护犊子的痴心汉，没有自己的生活，想靠儿子上位获得一点剩余价值，这就可怜了。黄道周说："父兄不可常恃，人当自求之身。"

【真本事】

年轻时不知道名利其实是和能力、实力成正比的。就想得名利不干实事不可能。一你得到的多，对你的要求更多。达不到会被人轻视；二你得意非凡，过去的毛病弱点本来不算什么事的，也会被人用放大镜仔细审视，一定会曝出来。古语说："禄过其功者削，名过其实者损。"没本事守不住名利，真本事一定能显出来。

【 发挥才能 】

人聪明有才其实不难，难的是能够真把这些发挥出来。这就需要一有人缘，别人赏识你、重视你。这就需要你对人有用，能够和人合作；二要有灵活性，擅于调整自己，把才气聪明灵活运用。如郎朗钢琴有才，还要和流行时尚结合，让更多人接受。不恃才傲物，用勤奋合作打底子。**古语说：**"人有能易，居所能难。"

【 打起精神 】

年轻时就怕闲和懒。闲得时间长了，就不会用功，越闲越想闲，不干活最舒服。懒下来，人就松了，打不起精神，干事就没精打采，看起来也忙，但无效率，无能力。这样时间稍长人就没个形了。打起精神，努力奋斗是唯一的办法，偷闲无出路，偷懒无机会。**古语说：**"多暇之心，涉事即烦；久逸之身，当劳即困。"

【 挑刺 】

年轻时常会在公司单位或网上，碰上找你碴儿瞎闹的人。一挑刺碰瓷，要从你的事情里鸡蛋里挑骨头，想方设法让你难堪；二没来由就骂，激你的火指望你回骂。一不理，一回应就上圈套，就会再来闹个没完；二坚定，把自己的事干好，你越好他越没奈何。**王朔说：**"不给机会，不予理睬。"不给脸就气死他，旁人都明白。

第五章

知人又论世

年轻时难以识人，但这很重要。总追随相信不靠谱的人，自己也一定糊里糊涂地倒霉。

【识人】

年轻时难以识人，但这很重要。总追随相信不靠谱的人，自己也一定糊里糊涂地倒霉。看外表人都差不多，但古人有识人的方法："*有名无实，出入异言，掩善扬恶，进退为巧，谨勿与谋。*"徒有虚名到处起哄，随时说谎张口就来，别人都坏只自己好，只捞便宜遇事先躲。虚，骗，毒，怯就是小人，不必点破当心就行。

【调门】

年轻时最容易崇尚高调，崇尚极端的话。其实越是高调的越靠不住，这也是个规律。医院大夫动手术前一定先讲可能的坏后果，江湖骗子就拍胸脯包医百病。听一个人在说可能做好的同时摆问题一定比吹牛的可信，把握住这个就少上当。王蒙说："*看一个人一件事，不能只看调门，尤其不能看他责备别人时的调门。*"

【背后捅刀】

年轻时常发现朋友也会坑自己，往往痛苦至极，觉得全天下都不可靠。和你疏远的未必坑你，好朋友可能背后捅刀。一外人与你太不相干，嫉妒等都谈不上。人都容易赞赏不相干的成功，在自己身边就侧目；二你的朋友靠不住，就是你识人有问题，糊涂。古语说："*信欺在性，不在亲疏。*"看准人，不拉拉扯扯就好些。

【 识破君子 】

年轻时看不透人，而且平常人都说得很好，都会拍胸脯。遇到事情就看出来了。一遇到钱财，全自己得。最简单的就是从来吃顿饭都不结账；二遇到麻烦，不仅推干净，还要顺势坑害你。钱财不求共享，只要不太贪；遇事不求共担，只要不害人。就可交。古语说："无事时埋藏着许多小人；多事时识破了许多君子。"

【 小人 】

年轻时常会遇到小人、恶人，就挑事逗你急，给你下套。像牛二浑混不讲理，你一反击，看客就一哄而起，杨志那样的好脾气被逼得都要杀人。现在要一理性，绝不动气，就是和颜悦色；二坚定，我行我素。要像司马懿，给你送女人衣服，也不急，其实讲理的人多。但记牢了这些人绝非善类。古语说："必有忍，其乃有济。"

【 假道学 】

年轻时常痛责别人道德不堪。但到了自己，不堪的事都有理由，外部诱惑社会不良。抓别人毛病，是他自己不好、活该；自己被人抓住，就是被人迫害。人性也就是那么回事。假道学最好笑。都难免毛病，忍住，要求自己比别人的不堪稍高一厘米，就不得了。古语说："耻名之浮于行也。"调子太高的多靠不住，看穿点。

【 一叶障目 】

年轻时常不知最阴的小人还不是从你那里讨点便宜的，而是忽悠你让你相信他的不靠谱的说法，让你觉得他说的都是真理，让你膜拜。就是骗了你，还让你觉得感激。骗了你还要你帮他数钱，如鲁迅笔下的衍太太。利用人最后让人倒霉，自己得好处的最可恶。**古语说："一叶障目，不见天日。"**冷静多思多看不冲动。

【 心意之论 】

年轻时常用自己的好恶看人看事，凭情绪来，常会被人利用。鲁迅写过喜欢挑唆小孩的衍太太，活画出这一类人。对人亲热，什么都和你说，还给你一点小惠，却拿你当枪使，让你在前面为他折腾，最后他躲在后面捞好处，他们谈好了，你常被耍。这一类事常有，需要清楚认识。**古语说："心意之论不足以定是非。"**

【 偏听生奸 】

年轻时不能看透骗子，有两个简单方法。一、凡让你抛弃所有你现有的成绩财产的靠不住。你可以抛掉一切追求目标，但外人劝你这么干就不靠谱，外人真劝的总是劝你在你现有的基础上发展。否则就另有所图；二、凡让你就信他一个人，说不信他的都脑残的靠不住。你可以信但他这么要求可疑。**古语说："偏听生奸。"**

【靠谱】

年轻时常看人不准。就看别人的毁誉，跟着不相干的说法起舞。其实还是需要自己来识别认知。一是看这人说的是否曾经兑现过，都是虚言高调，许诺得再好，也一定靠不住；二是看这人做事是否具体可行，事情是否真有进展。**古语说："世有雷同之誉未必贤也，俗有欢哗之毁未必恶也。"**关键看是否靠谱，可信。

【吆喝什么】

年轻时不知如何识小人，小人脸上没写字，但可以认出来。一是伪君子，斥责别人都道德没他好。凡事调子太高，不平实说话，对人性没有任何同情悲悯的常缺什么吆喝什么；二是真小人，拿出一副流氓无赖的样子，赤裸裸地捞便宜。最怕是这两种混合。对付一不理，二不怕。**古语说："小人枉自为小人。"**理性看穿他。

【虚实】

年轻时常一听见讥笑挖苦议论就着急反击，二听见忧心忡忡劝告的就以为是真心话，觉得是真事。说话人都有自己心理。最关键是事做得好，你比他做得好，他没机会你有，他议论就只管不理，该干吗干吗，按自己节奏做事。但应该永远客气礼貌，善意待人，有一点可取就好。**古语说："心不可不虚，心不可不实。"**

【看穿】

年轻时常可爱憨直，有些事以为是大原则，自己一腔正义，最后发现不过被人利用，他得点小利而已。有唱高调的，说他的事重于泰山，他对于某种东西的爱比什么都珍贵，其实只是价钱还没讲好，他是觉得自己这点还可以卖大价钱，你跟着起哄其实无非帮他得点好处银两。古语说："无利不起早。"看穿表演就聪明。

【能容小人】

年轻时遇到小人和你较劲，往往以牙还牙，和他闹起来，真没必要。小人一会编造你的话到处传，二会无端针对你搞事，公司单位同学中都会遇到这情况。不理反而简单，纠缠反击就给他脸，他不配做你的对头。你没毛病做得更好，他拿你没奈何，别人也都知道他是小人。古语说："能容小人，能处薄德。"且看他跳。

【逆时从容】

有一联说得深透，可作为处世箴言："事到盛时需警省，境当逆时要从容。"事情顺利，自己得意时要小心谨慎，防范风险，避免隐含的危机。因为这时惦记你的人多多，在明处备受注意，稍有不慎就有问题；但事情不顺，诸多困难的时候反而要硬着头皮顶住，放宽心，有自信，没什么大不了的，坚韧从容渡过难关。

【 小格局 】

年轻时常不知小人的小气、小心眼、小格局，总想鸡蛋里挑骨头，想从你话里挑毛病断章取义，自以为得计地哄闹起来，其实他头脑冬烘，哪里看得到事情真相，只哄哄糊涂人。每天除了捣点小乱，没别的用处。对付之道：一不理，理他就给他脸；二看戏，看他跳也是一乐。**古语说：** "人心之病，莫甚于一私。" 闹不出名堂。

【 敬而远之 】

年轻时常想利用小人，一同得便宜。但小人的厉害就是翻脸不认人，你利用他，他当然利用你，一旦利益不满足，什么都兜出来闹得天翻地覆，你面子扫尽，他豁得出去，你豁不出去。对小人只能敬而远之，不推心置腹，少让他参与你的事。古语说：对小人"遇之以礼，待之以默，包之可也，远之可也，避之可也。"

【 见怪不怪 】

年轻时常自以为得计。在职场中喜欢略施小计，大唱高调，激化挑唆，糊弄两派就像拿红布挑动斗牛，想挑得两方较劲，就可以浑水摸鱼，从中渔利。其实没这回事，一单位公司里各种势力其实有规矩底线不可能由着性子闹，二双方也都不傻，不会被你耍弄乱来。古语说："见怪不怪，其怪自败。"安心干自己的就好。

【天才与规矩】

年轻时最容易觉得自己有才，不用学就会。有些成功者教人，也说自己是天才不学就成。这偏了。有才必须要有基本功才能显出来；郎朗有才，也是他父亲带着苦熬多年才练出来。考试时也常遇到同学说自己不用学，其实他在后面偷偷用功。你真信了就倒霉。古语说："大匠诲人，必以规矩。"按规矩学。

【乐观】

刘禹锡的诗，慷慨豪迈。这一首真让人感慨："百亩庭中半是苔，桃花净尽菜花开。种桃道士归何处，前度刘郎今又来。"历史好像一局棋，风云变幻。人的命运也有浮沉，但做人就是要做打不垮的人。当年那些桃花和种桃道士，虽然风靡一时，但他们经不起时间的磨洗。前度刘郎今天还在笑傲人生。自信乐观开朗。

第六章

阅读为立身

年轻时一定要有几本看家的书，反复读，弄透了，多少年都有用。

【活读】

年轻时读书容易只读一种观点角度的书。弄得自己很狭隘，想问题也偏执。需要读你喜欢的观点的书，更要读你反对或厌恶的观点的书。一考验你，看你能否反驳他，能讲出你的理来。再琢磨琢磨；二供参考，看看他对你相信的观点的批评是否有点道理。这样避免盲信犯傻。叶圣陶说："活读运心智，不为书奴仆。"

【猫】

钱钟书《猫》讲沙龙女主人丈夫和"相貌平庸，态度寒窘……一顿饭，两场电影就可以结交的"女孩子私奔。建侯途中想："真不值得。"而女孩觉得人生前途正在展开。钱评："一切调情、偷情，在本人无不以为缠绵浪漫、大胆风流，而到了局外人嘴里不过又是一个暧昧、滑稽的话柄，只照例博得狎亵的一笑。"

【科普】

我常觉得应该读点关于大时空的科普书，可以让人偶尔从一个大视角看看世界和自己，超离一点现实的焦虑苦恼。有这个视角，人就能更明智些，稍看得穿一点，也有点韧性。我喜欢的一本是霍金的《时间简史》，不太好懂，但尺度是几十亿年；一本是戴蒙德的《枪炮病菌与钢铁》，讲几万年来人类变化，很生动好读。

【读书】

清人张问陶诗，向来喜欢。有一首关于农历五月的诗，正切此时的景："断云朝暮乱阴晴，炙手炎歊（音啸，热气上升的样子）太不情。盆有新花防日气，院无嘉树少蝉声。茶瓜谁领闲中味，蝇蚋还从热处争。卧看《图经》话《山海》，几人怀抱似渊明。"阴晴不定，蝇蚋滋长中，看《山海经》领略大时空，体会宁静感受。

【玫瑰园】

董桥有篇文章说法可参考：伦敦有个世代贩书的老先生，客人有时不免一边付钱一边抱怨，说是不知道买回去合不合意。老先生听了也不动心，只说："我并没有答应送你一座玫瑰园！你先翻清楚再决定要不要吧！"谁都不必答应送谁一座玫瑰园，这倒是真的。老说要给你玫瑰园的常常靠不住，也是规律。

【文人襟怀】

一直佩服清朝诗人张问陶，他的诗每每打动人心。可惜一般人都不熟悉。有这样一首《感遇》就让我很感慨："转为浮名负此身，登场傀儡不能伸。诗穷每易逢贫字，酒醒偏难避醉人。哪敢颠狂轻吐气？偶谈怀抱欲沾巾。酸寒一任儿童笑，交到忘年自有真。"人生际遇的感慨，文人的襟怀，友情的珍重都写得淋漓尽致。

【专与博】

年轻时常常有专和博的矛盾。只专一门，其他知识都不具备，进入社会常不适应。知识太杂，像万金油，没有一门拿得起来也不行。两者不矛盾。要首先精通一门，花大部分精力在这里，平时也要用一点时间看看杂书，了解些历史文化的知识等，每天二十分钟也行。

古语说："求者以不专丧业，偏恃者以不兼无功。"

【世界是平的】

弗里德曼的名作《世界是平的》里讲到世界的竞争激烈时，对他女儿提醒："女儿，乖乖把书念完，因为中国和印度的小孩正等着抢你的饭碗。"我看到的是"美国梦"奋斗精神的延续，也看到了对于个体生命发挥的激励和要求。

【世面】

年轻时多见世面，多学东西，总不会错。一对人性复杂稍有体察，这可以看些书，如《儒林外史》《围城》这样的，对世态人情观察很透，就能见微知著。多出去走走上上当也好；二有一门专业能够拿得出手，真学通一门，就能触类旁通。年轻时吃苦，以后就好得多。古语说："登山始觉天高广，到海方知浪渺茫。"

【看家书】

年轻时一定要有几本看家的书，反复读，弄透了，多少年都有用。
一对人生有启发的书，就常看看，对人生有用；二耐看的文学经典，
一定放在床头，过一段就温习一下。这样就有点人文的根基。对我
来说，钱钟书先生的散文选和《管锥编》，就常学常新。不弄这些
的，《唐诗三百首》《古文观止》和曾国藩语录都好。

【铁娘子撒切尔】

看《铁娘子撒切尔》一书，西方政治家也有很坚硬的一面，为了国
家利益，就是不屈服。矿工罢工，设立纠察线，不许工人上班，她
派出了警察维持秩序。她指出："法治必须战胜暴徒们的规则。"
她的名言："如果你只想讨人喜欢，那就得做好随时随地让步的准
备，但这最终必然一事无成。"她有争议，但赢得尊重。

【铁娘子】

再推荐《铁娘子》，虽然家人不喜欢，但我们外人却看到了撒切尔
夫人是一个不屈不挠的政治家。她面对缺少共识的社会，诸如旷日
持久的罢工和福利社会的弊端，媒体的起哄，就是顶住不妥协不屈
服。面对外部如马岛的危机，连美国都来劝她忍下来，但她就是不
惜一战。人就是要挺住不被打垮，有对国家和自己的信念。

这位夫人为了自己的国家，为了打赢冷战，就是这样殚心竭虑，就是这样的坚定和灵活。她不是历史的匆匆过客，也不是把自己的国家弄崩溃的人。这样的人有诸多缺点，但却让人尊重。做人就是要做能够为自己的国家赢得更多胜利的人。她会赢得对手的尊重，但失败的对手得到的只能是客气的轻蔑。

【强硬】

刚看过《铁娘子》，很佩服这个人的强硬性格，其实她也不是盲目用强，也懂得让步。*基本原则坚定，具体问题灵活，这是一切优秀的政治人物的关键品质。一个坚定捍卫自己国家的政治家最后也会赢得尊重。*但首鼠两端，到处投机，吃里扒外，靠迎合和出卖来做事的一定会被蔑视。古今中外概莫能外。

【择书】

常听年轻人说不了解当代中国的历史，但如果就看些野史八卦或不入流的人写的偏执幼稚的忽悠之作，看了更偏执。最近出的有三本值得看。1. 基辛格《论中国》。2. 傅高义《邓小平时代》。3. 王蒙《中国天机》。两个美国人，一个中国人，都是经得住考验的大家，观察思考能力不得了，看了就明白历史大致的脉络。

【一时荣辱】

看《邓小平时代》，印象是在大历史中，一时荣辱毁誉没有那么要紧。傅高义说："很多西方人……没有兴趣了解邓小平。20年过去了，很多原来没有兴趣了解邓小平的西方人，现在也开始愿意认真考虑邓小平在中国历史上真正的作用。"20世纪80年代和邓同时的国际领袖，也有当时被颂扬，如今却在历史中淡出，还被轻视的。

【读书】

傅高义《邓小平时代》值得看。没有瞎忽悠，对当代中国史有清晰平实的描述。有几句让我触动："我尽力客观地对待邓小平的言行，也没有掩饰我对邓小平的钦佩。……他……改变了一个当时还承受着'大跃进'和'文革'后果的国家的前进方向。我相信，没有任何一个国家的领导人，对世界的发展有过更大的影响。"

【标榜淡泊】

清人蒋士铨有一首诗，活画出当时某些文人的形象，真是生动："妆点山林大架子，附庸风雅小名家。终南捷径无心走，处士虚声尽力夸。獭祭诗书充著作，蝇营钟鼎润烟霞。翩然一只云间鹤，飞去飞来宰相衙。"獭祭就是指的只会模仿照搬，没有起码的创造力，时刻标榜自己隐居无心名利，却是时刻想着让媒体炒作。

【虚实之间】

大实话不中听，芮成钢《虚实之间》里说："一个人在中国能够撬动多大的杠杆，在西方人眼中就有多重的价值。"中国大学生到海外留学，不少人"对国外的事同样懵懵懂懂弄不明白。回到中国，乡亲们把他当'海归'。其实他从来没有融入过国外的主流社会，留在国外，外国人又把他当中国人。"

【土包子发明】

钱钟书讲的故事："一个……土包子一天在路上走忽然下起小雨来了，他凑巧拿着一根棒和一方布，人急智生，把棒撑了布，遮住了头顶，居然到家没有淋得像落汤鸡。他自我欣赏之余，也觉得对人类做出了贡献，应该公诸于世。"这个土包子是真诚的，他不知道有雨伞，最滑稽的是模仿照搬雨伞然后说是自己的发明。

【自掘坟墓】

钱钟书先生有个说法有趣："被发掘的喜悦使我们这些人忽视了被暴露的危险；掘开自己作品的坟墓恰恰也是掘下了作者自己的坟墓。"早就被遗忘的作品，还拿出来吹，还用大人物背书，其实人家客套里早就留下了脱钩的余地。就不怕真有人下功夫再琢磨一下，范本今天具在，正所谓"磨墨墨磨，弄猴猴弄"，一笑。

【 无价值 】

这部《哈扎尔辞典》确实值得看。有些事就是风过耳，早就不足挂齿。也不复记忆了。有些书也如风过耳，用得着那句："尔曹身与名俱灭，不废江河万古流。"钱钟书先生就从来不提过去曾经发生过纠葛但不必再提的人和事，免得被再炒起来，让无价值的再留下名字。

【 把握当下 】

清代诗人张问陶，号船山，有《船山诗草》，前几年细读他的诗，很佩服，从此放在床头常读。警句很多。有一首极喜欢："不读华严气亦平，酒兵诗律破愁城。梦中得句常惊起，画里看山当远行。难测天心姑任运，既来人世可无情？古今大局多重复，只有当前属我生。"看透却入世，想开命运，把握当下，做好自己。

【 快慢相宜读书法 】

年轻时读书有人一目十行看得快，也有人精读细思看得慢。都不是最佳。曾国藩有快慢相宜读书法："一日看生书宜求速，不多阅则太陋。一日温旧书宜求熟，不细读则易忘。"人文社会小说等应该以此法读。流行书或最新书，未经考验，也有忽悠的，了解大概就行了。经典著作，久经考验，就需要真正化为自己的血肉。

【 熟读精思 】

读书的妙谛，姚鼐的一句话说得最明白："*欲悟亦无他法，熟读精思而已。*"要弄通一门技艺学问，没有偷懒的办法，只能一反复学习，不学就不会，学得不熟就不能用，还得反复练，很枯燥，但连大明星也是这样吃苦才可能成功；二反复感受领悟，看别人好的思考方式，行事路径，跟着做。慢慢都有自己的路了。

【 多追问 】

年轻时读书有两弊：一盲信，看到人生里第一个有点道理的说法，读到第一本有点看法的书，就信了，觉得别的都是歪理。许多偏执憨傻倒不在于不读书，反而是把一家之言奉若神明；二潦草，什么都只是一点皮毛和闲谈话题，都浮在表面。*古语说："悟从疑得，乐自苦生。"*多追问下功夫就进步。

【 不可求骤长 】

年轻时读书性子急，恨不得立即见效，看了几天书还没长进，就生气不看了，埋怨读书无用，学什么都不可立即就见效。一专注，就是不放弃，烦也啃，过一阵就有心得，就见效，兴趣也大了；二旁通，从一本书参阅另一本，越看越多，渐入佳境。开始要熬住，后来就喜欢了。*古语说："读书如树木，不可求骤长。"*

【 梁启超阅读法 】

年轻时想读书，但却不知方法，读过也毫无所感，没有体会，反而
生出厌倦。梁启超有阅读法可以参考："*每日就所读之书，发新义
数则，其有疑难以及心得，皆为割（同'札'）记。*"就要记笔记，
难的地方反复思考，有感想也随时记下来。每本好书都不白读，融
合了自己思考，就活了，真能用。

【 博览 】

年轻时应该每天抽一点时间，静心读一点人文方面的书，硬的哲学
科普，软的诗词小说，等年纪大，工作忙、家累重之后这些书就难
再看。看这些不为应试，但对人气象格调谈吐影响大，这些无形的
东西越到后面越对你发展有影响。明事理，讲逻辑，感诗意，察人
性都需要，张居正说："*人情物理不悉，便是学问不透。*"

【 郑板桥读书法 】

年轻时常看书，但毫无所感，字都认得，句子也通，但就是不懂意
思，啃哲学、科学等硬书三页就烦了，真不如看八卦来得有趣。但
这正是深入的关键。郑板桥有读书法："*善读者曰攻曰扫。攻则直
透重围，扫则了无一物。*"攻就是在重点处反复读，扫就是浏览看
大意。攻时要做笔记，电子笔记更方便；扫时要有体会。

【 物我两忘 】

有一首禅诗写深秋感受："凉风落木楚山秋，满树寒蝉噪不休。红
蓼白苹开两岸，不知谁在钓鱼舟。"凉风落叶，寒蝉鸣噪，真是让
人黯然。但这是自然流转，无须悲伤计较。*红蓼白苹之中，物我两
忘，就是放下和妙悟的潇洒。*我们每天卷在焦虑苦恼之中，避不开
功名利禄的琐屑追求，偶尔这样看开会有刹那的超越。

【 时时温习 】

年轻时读书喜新厌旧，一目十行地看东西，翻过觉得都掌握了，多
数书这样看就行。但有些经得住考验的人文经典，值得一读再读，
过一年再看有新感悟，每年温习一下，受用无穷。人性其实差不多。
钱先生的《管锥编》就值得每年温温，从中得到的人性感悟会不同。
古语说："时时温习，觉滋味深长，自有新得。"

【 心营意造 】

年轻时常觉得听了老师的话，学了些书本知识就能在社会上做事。
有些有大才气、大能力的，不通人事复杂无所谓，都不能不认，人
们也乐得认。但才华一般的，就得靠在社会上悟到一些东西，也靠
前辈指点几句。就是学问，也有好多路径窍门得靠自己悟道。*古语
说："可授受者，规矩方圆；不可授受者，心营意造。"*

第七章

学习是根本

知识要广博，但安身立命的不过一点点，吃透了一辈子受益无穷。

【高考作文】

刚在央视点评一下高考作文，所谓材料作文是主流，就是有个故事或格言之类，让你去联想发挥。这是为了避开押题，让学生真正在现场写。但高下有别，今年北京题目难得，比前些年好太多。手机是我们日常生活常用的，用对话可以看出科技人文不同的思路。关于手机，不同水平都能说一些，但写好写深得有积累。

【就业】

劳动者利益受到了严格保护是好事。但让不适合单位的人离开不容易，就越来越倾向于减少雇用新人，就会形成对于希望进入职场的新人就业压力。一些用人单位最近一直在抱怨现在的一些要求缺少适度的灵活性，这些说法都是从自己的角度出发的，但确实也是一个造成大学生就业难的现实原因。

大学毕业生就业需要全社会共同努力：就业环境发生了重大的、不可逆的变化，但不少家长对于大学生的认识仍然是当年扩招之前相对小规模的精英式教育，对于大学生往往还是寄托很大的期望，希望从事白领工作，甚至将一家人改变命运的期望寄托在大学生的身上，自己也期望很高。

【应用文】

在哪儿都要有本事，弗里德曼一向说实话，特别提到"毕业生的语言和写作能力"太低。这实在是一件糟心的事情，上了好几年大学，连基本的应用文都写不顺溜，实在是没奈何。无论中美，大学毕业都得会一些基本应用文的写法，不是看微博骂人的话或"亲、亲"地叫就管用，这是基本生活技能。

【杂感】

昨天和几个海外回来的朋友聊天，他们的意见可以参考：有中国家长看孩子在国内考不上好大学，考不上重点高中，就急着送到海外，以为就一劳永逸解决问题。其实在家长身边都学不好，到外边和一些国内去的都不怎么样的孩子混在一起更不行，连外语也就是基本会话程序。**国内学得好出去也不错，国内一团糟也别指望国外怎么样。**

【出国】

现在出国很容易，爱走就走，不喜欢国内的，悉听尊便，但我确实还看到不少回来的，或从此在中国生活走不了、离不开的外国人，也很不少。这些事都是个人喜欢，就是一些每天在网上讲移民的好处，自己又在中国待着的没有太大的意思。办护照极为容易，何必不办，只要国外允许，都能走。

【 调整但不放弃 】

年轻时常有不被周围人理解之苦。一志向目标不为家长老师所理解。明明不喜欢的专业职业硬要你做；二行为做法都有道理，但反受批评贬低。一要反思一下，听反对的人把理由讲清，也讲自己的理；二要调整一下，学着耐心沟通。谈透想清，不急不躁，可坚持但不较劲，可调整但不放弃。古语说："智者顺时而谋。"

【 熬不住不成事 】

年轻时学习常不能坚持。一是烦，掌握任何专业知识都有大量琐碎的细节和反复的练习，都有很无趣的时候。人前风光是多少苦练的结果；二是躁，总想立即有成就，过一阵得不到肯定，就怀疑自己的目标，放弃了。其实可能已经在进步了，再换目标又是一样。左宗棠说："学业才识，不日进则日退。"熬不住不成事。

【 冷暖自知 】

年轻时有时会糊弄欺负人。如新来的班主任或领导，利用他还没进入状态，先给下马威。如进教室在门上方架一桶水，当头泼下；或出难题，起哄让他讲话讲不下去。让他被修理得服服帖帖按我的干。但这样反而让人知道你有恶意，被知道不合作要搞事，更难实现你的目标。古语说："如鱼饮水冷暖自知。"人都不笨。

【临阵磨枪】

年轻时学习常用"大跃进"的法子，要考试或要用了，临阵磨枪，不吃不睡，拼命背拼命学，也可能混过关，对付没用的是方便。事前事后都抛诸脑后。但一这过后就忘，不会吃透；二这让你没有基本的根底，就是一点残留记忆。*古语说："骤勤而遽怠，方得而旋失，虽欲日新，其可得哉？"* 每天坚持一点时间就不得了。

【硬书与软书】

年轻时除了应付考试混过关，什么都不读，最可怕。这时精力好、时间多。看硬书、读哲学等，把想问题方法弄通，终身受益。看文学历史等较易入门的软书，对文化修养有益。言辞贫乏，思维偏执，是不读书之病。*曾国藩说："人之气质，由于天生，本难改变，惟读书可以变化气质。"* 一硬书一软书每天二十分钟坚持。

【一点点】

到郑板桥故乡兴化，读板桥一幅联，这个意思的联他写过好多："*咬定一两句书，终身得力；栽成六七杆竹，四壁皆清。*"知识要广博，但安身立命的不过一点点，吃透了一辈子受益无穷。生活欲求无限，但其实能够享受的也不过一点点，有点趣味品位，给自己一点爱好，就会得真快乐。看人性悦人生，往往不在多。

【出国】

年轻时到了海外，容易在自卑自负之间。一打肿脸充胖子。本来诸
多不如意，但担心家乡人说自己无能混不好，就回去乱吹，硬说海
外如天堂，嘲笑家乡，自己艰窘难受只有自己知道。过去还能哄些
人，现在除了眼界不开的，没谁真信；二到外边不如意，就厌弃外
边的一切。*古语说：* "*不虚美，不隐恶。*" *放下点儿舒服。*

【坏习惯】

年轻时还是要鼓足勇气改掉一些已经形成的坏习惯。一是有些太耽
误时间，也没有太大意思的游戏还是减少些。如打牌玩游戏，都费
时间，太沉迷就耽误正事；二是有些不合适的习惯，如睡懒觉、发
呆、胡思乱想，一点用也没有。这些都要立志发愿改掉，关键是克
制自己，不可能由着性子来。*古语说：* "*不知戒，后必有。*"

第八章

出门靠朋友

人应该有原则，有操守，但也不要让别人难受，和周围的环境格格不入，也不必不合群，看不起周围的人。

【交友】

年轻时广泛交朋友很重要。你能帮人尽量帮，别人也会帮你。有些小心眼的，别人问个他朋友电话都不肯告诉，担心占便宜，这不必要。朋友多就容易做事；但如果真交心，真什么都说，就要小心。朋友间一旦闹翻了，遇到的是什么都能闹出来的小人，害处就比敌人还大。慎交心。*古语说："始交不慎，后必成仇。"*

【度量】

年轻时都会有麻烦，但早承受比一帆风顺好。一被小人伤害攻击，是人生的常态，没经过以为是奇谈，其实到处难免的。只有自己挺住熬住；二自己失误，让别人抓住了把柄，倒霉了，也不必怨天尤人。受教训以后会更加小心。这样磨炼性格，就会更顺利。*古语说："若要度量长，先学受冤枉；若要度量宽，先学受懊烦。"*

【恕人】

年轻时常不知恕人其实是恕己。懂得原谅伤害你的曾经亲近的人，只要这伤害不至于让你毁灭，就不必把自己受伤的事到处嚷嚷。一私人感情的失败，尽量不公开，好合好散；二朋友之间吃点亏，也不必嚷嚷。否则别人对你也不信任，认为你的人品和这样的人也一样。*古语说："出妻令其可嫁，绝友令其可交。"*

【人有片善】

年轻时看别人都爱看缺点问题，觉得都不如自己好。一听不得别人好，一听就生气；二看不得别人好，一看就有火。你可能不错，但不能这么小心眼儿。小心眼儿就火大，担心别人强。你肯定有长处，但一对别人的好处多肯定，一定对你自己有帮助；二借鉴别人做得好的地方，多学一些。古语说："人有片善，皆当取之。"

【取悦】

不少官方微博，尽管"亲亲"地叫个不停，说些激烈的话，但还是"换汤不换药"的传统表达。这种特别刻意地想拉近距离，反而效果不好。因为没真东西，日子长了大家就不感兴趣。怎样实现跨平台传播，这是传统媒体转型中非常大的挑战。跨不了平台，就跨不了群体。一味取悦反而让人看轻。

【小心眼】

年轻时常怕肯定夸奖朋友同事，反多贬低和嘲笑。觉得说了别人的长处，显得自己不行。有时小心眼到人来问熟人电话都担心他有了机会不愿意告诉。反而显得很小气，别人有水平靠这也压不住。一大方些、人缘好、机会多，你能合作、需要你的就多；二练内功，借鉴人家经验，成就自己。古语说："于人之善，无小而不举。"

【智不足】

年轻时常会气量很小，一点小事就计较得不得了。宿舍里为脸盆摆放闹得天翻地覆，朋友为一句玩笑弄到反目大揭底，为给父母几百块钱夫妻离婚……都很可笑，但当时就是过不去坎儿。一多学人文通达人性，看点文史哲的书；二多注重提高交往中的情商，能沟通。*古语说：*"*智不足，量不大。*"人都有毛病，看大方面。

【不蔽人之美，不言人之恶】

年轻时常会小气，看见别人成功，总想法贬低。一起做事总是夸耀自己贡献最大。看到别人的问题毛病，总在公开场合大声嘲笑，什么捅他心窝子说什么。这样坏的是自己的事。一定多肯定别人的贡献能力，公开场合不轻易说人毛病，好朋友私下提醒。这不是圆滑，是善意。*韩非子说：*"*不蔽人之美，不言人之恶。*"

【明分寸】

年轻时对交友之道常不注意。一下子如胶似漆，什么都掏心窝子，每天混在一起。最后一点小事闹翻，利益不均什么都往外兜；还有见不得朋友发达的，就把他当年的糗事到处散布。*古语说：*"*凡与人交，不可求一时亲密。人之易见喜者，必易见怒，唯遵礼致敬，不见好，亦不招尤，所谓淡而可久是也。*"明分寸要紧。

【朋友】

年轻时对于朋友要多发现优点，这不是庸俗吹捧，是通过鼓励让朋友发挥长处，逐渐避免短处。朋友之间容易伤自尊，激烈批评容易引起反感。但对于师长的批评一定耐心听。这些人和你没有利害关系，为你操心是真心帮你。他们从经验和见识出发的观感有用。古语说："非我而当者，吾师也；是我而当者，吾友也。"

【树敌没必要】

年轻时常不知道轻易树敌没必要，有时候看到不合自己的意就在大庭广众中尖刻嘲笑，随意得罪人，让人下不了台，这样就弄得尴尬。对人对事都不应该随意宣泄，往往自己无所谓，对方却恨你入骨，以为无所谓，最后却会招来麻烦。这样的事多了。有问题最好私下提出，善意指明。古语说："积爱成福，积怨成祸。"

【不做损友】

年轻时结交朋友要小心，也要自爱。一当心损友，好的时候穿一条裤子，闹翻了，什么隐私秘事都往外兜；二不做损友，一不高兴就把别人的事兜出来变成谈资或搞臭他的资本。一有距离，尤其金钱情色不能相互纠结；二有底线，不到处说别人的隐私，这样外人对你观感也很糟。古语说："君子忌苟合，择交如求师。"

【双重标准】

年轻时常常是双重标准，要求别人都当圣人，自己其实也控制不住欲望。都不过人性里难逃的卑俗，几千年各种人都会有，被抓住嘲笑辱骂当然也没话说。首先要自己做事知道风险，稍克制人性弱点。要求人按规矩办事应该，但要求别人都是完人就没意思。**古语说：**"情之所恶，不以强人；情之所欲，不以禁民。"

【祸害】

年轻时两件事会妨碍你发展，一太贪，什么都想要，利益不肯分给人。一次两次好说，多了别人就烦你，和你合作的人就少，二结交一帮狐朋狗友，大家都是东混西混，相互影响，终日就是玩玩，凡是干正事的就嘲笑。或是自己以为真心朋友，其实害你没商量。这都要警觉。**古语说：**"祸在于好利，害在于亲小人。"

【说话难】

年轻时不知道说话难，孔子有三言提醒："言未及之而言，谓之躁；言及之而不言，谓之隐；未见颜色而言，谓之瞽。"不该说瞎说，如朋友隐私自己秘密，到处宣泄，就是乱来瞎闹。该说的不说，如给你机会表现却不给力，就是不上台面。不分场合胡说，不得体，就是糊涂不明。有分寸，握机会，看场合，就受欢迎。

【蝇营狗苟】

年轻时常不知小人之恶每出人意料之外。一看你顺利，本来没惹他，他就觉得刺眼，就要下药让你不痛快。二你和他不同，不和他沆瀣（xiè）一气，不跟着他搞蝇营狗苟的事情，你不随他害人他就要惦记你。看透小人，一要防住，让他没空子钻，气死他；二要不理，按自己节奏做事，晾着他。**古语说：**"与小人处须平心"。

【狐朋狗友】

年轻时有两个毛病很容易犯：一是结交几个狐朋狗友，每天混在一起，互相影响，都不学习不努力，形成气氛，你就不敢努力。越混越糟糕，还摆脱不了；二是沉迷于说痛快宣泄的话，只管说得巧妙，不管实际操作，真以为天下事就是几句大话办成的。**古语说："交亲而不比，言辩而不辞。"**朋友有分寸，说话重实际。

【有尺度能合作】

有句古语很有意思："君子直而不挺，曲而不诎。"人应该有原则，有操守，但也不要让别人难受，和周围的环境格格不入，也不必不合群，看不起周围的人。这其实相当要紧，有原则才不会随波逐流，也才不会无所不为，这样才能有人格，但和谁都合不来，一副牢骚不平，也让人看不上。有尺度能合作，别人尊重。

【结交长辈】

年轻时还是要结交几个正经长辈朋友。最怕的是被本来作风不正的长辈引诱，被不入流没有品的损友吸引，得一点小利就给他们做小弟充人头。正经事干不了，混在一起只是被诱惑、利用、耍弄，帮他起哄捣乱无所不为。最后吃亏的就是自己。**古语说**："与小人游，贷乎如入鲍鱼之次，久而不闻，则与之化矣。"干点正经事。

【洪由纤起】

年轻时不知道打好基础、做好给你的小事的重要。一事情能拿得起来。初到单位，让你起草个简单文书，你不在意，都弄得一塌糊涂，就会对你的水平有怀疑，难重视你；二人勤快些。小事新人多抢着干干，绝不吃亏。如出差帮同事搬搬行李，办公室买买外卖。信任就是这么来的。**古语说**："高以下基，洪由纤起。"

第九章

低调遇华丽

事情都有大规律，起哄架秧子的没人不知道就是花
架子。

【切合实际】

年轻时最关键的素质是切合实际。你有理想，都没意见，但你轻率盲动，好愿望最后弄成个你收拾不了的坏结果，把别人都带沟里，大家就不答应了。当明星就得从小角色演起，做网络精英起码得是会编程的。就会放空炮讲大理想什么也干不了的最没用。如果办法可行就坚持，否则就得现实点。**古语说："行之唯艰。"**

【错误】

年轻时容易出现古人说的四个错误："轻誉，苟毁，好憎，尚怒。"看对了眼就乱夸，也不看看是否骗子。一不高兴就乱骂，也不了解究竟如何。一句不合就恨得不得了，也不弄清前因后果。把发火骂人当饭吃，也不明白自己的角色。这样随着情绪起舞，被有心人随意耍弄忽悠，倒霉吃亏是自己，追求痛快却愚钝憨直。

【吹牛】

年轻时看到唱高调的就崇拜。其实许多唱高调的都明白，自己的高调在现实中肯定不靠谱。但实现不了是别人无能，落下个有理想又崇高的好名声，没有任何坏处。他知道具体做事的不会按他的做，放心吹。谁真信了这一套按他的做，倒霉也是活该。看透些不当真，一笑了之很要紧。**俗语说得真好："吹牛不用上税。"**

【言过其实】

年轻时最忌讳大话连篇。一眼高于顶，什么都觉得一无是处，自己
标准世界最高，自己能力世界最大，其实也就是个一般人；二言过
其实，感情用事，话都说绝了，都是夸张渲染宣泄，过把嘴瘾，什
么也没干。最怕小小年纪学成这副做派，就干不了实事，最后一事
无成。古语说："言必可行，然后言之。"踏实不吃亏。

【谦虚】

年轻时一定知道谦虚为本，做人不能过分。一嚣张，仿佛天下都装
不下你，一点小成就就觉得自己不得了，让合作的都受不了；二狂
放，无所不为，得意了不起就随便干，想怎么着就怎么着，最后一
定会招人恨，讨人厌，做不成事，还会让人制住。小心低调总不会
出大错。古语说："骄者招毁。"谁都喜欢容易相处的人。

【膨胀】

有些话不一定就很准确，但却有可供参考之处。王蒙说："老大不
小的脑袋，不能只有一个兴奋灶。位卑未敢忘忧国，这话对。大家
一起'忧'，未必就能把'国'忧好了，不忧了，各人做好各人能
做的事情，说不定'国'情反而会好得多。所以说，地球离了你照
样转，这话也对。妄自膨胀与妄自菲薄同样的无益。"

【花架子】

年轻时连自己的领域都还没弄明白，连战斗机的型号都还分不清，却对别的事指手画脚，本来就是棒槌，自己还觉得是专家。以为别人都像他一样信口开河，其实是糊弄惯了。事情都有大规律，起哄架秧子的没人不知道就是花架子。*古语说："墙头芦苇头重脚轻根底浅，山间竹笋嘴尖皮厚腹中空。"*

【不知春秋】

年轻时常不知道最傻、最不懂的常常最自负，气壮如牛，觉得发现了真理，其实和实情根本不相干，就是说个痛快，打脸也不在乎，说什么都是他的理，其实也就是瞎来，但就是吓人，动辄说别人傻，说别人的话露怯，其实他自己的荒唐外行可笑得没法说。不能轻信，多看看。*古语说："朝菌不知晦朔，蟪蛄不知春秋。"*

【万物并育】

年轻时常常觉得自己终于找到真理。就气急败坏，觉得这些简单道理，为什么世人就是不买账，就激烈起来，愤懑之极。一人的角度利益有差，你觉得是真理，别人却认为是歪理。就是不能相容；二道理多多，各有千秋，没有绝对的。想开点，多听多看，不傻较劲。*古语说："万物并育而不相害，道并行而不相悖。"*

【行五而言三】

有句古语真说得好："实二而名一，则名立而不毁矣。行五而言三，则言出而寡尤矣。斯之谓有余地。"有余地就宽绰，对己好，对别人好。实际本事大过名气一倍，人行走天下就倒不了；做到五分只说三分，说的话就能件件落实；你的声誉就会更好，信任你的人就会更多。只要有本事，能合作，小人就奈何不了你。

【眼孔浅】

年轻时得看远一点，有点理想。否则总想着最不济有父母养，有社保，总不至于饿死，这样就不想干活努力。一混，就是打游戏瞎胡想，看八卦发议论；二急，总想一下子捞大钱，靠偶然解决一生问题。一无所长，一无所能，就只能牢骚满腹，羡慕富二代享福，混久了，人就没用了。古语说："眼孔浅时无大量。"

第十章

人生放长线

年轻时怕两头：一怕志向太大，二怕没志向。

【自然进退】

年轻时最难就是看长远，太急不行。一太想投机，看着声势大的立即想取悦迎合，就容易进退失据，反而不能进步；二太想立即得到一点小好处，最后发现丢掉的是长远的发展。太急了就会自曝其短。根子还是在却不想实干，就想浑水摸鱼捞便宜。其实那些便宜常靠不住。古语说："视外物也轻，自然进退不失其正。"

【有所放弃】

年轻时最不容易学会有所放弃。一放弃一些小利益，才能有大的成功。学会分享，学会不太计较小矛盾小纠纷。二是放弃一些没用的事情，着迷的兴趣，难抵御的诱惑，太沉迷一定会坏事。古语说："人不有所舍，必无所成。是故舍无益而成有益，舍暂且小者而成久大者。"想清楚，做有价值和为长远打算的事就好。

【匡俗之志】

年轻时如果真有点志向，就不会总是埋怨别人。一真想道德好，就先从自己做起。自己做不到的就不轻易责人；二真有好主意办法，就多从身边尝试。不是总骂别人不好，害得自己什么也不做。对人多理解，对己稍严格就好。古语说："怀匡俗之志者，不务绝俗之行；负济时之略者，不为愤时之言。"多做一点就有成就。

【不为小所困】

年轻时的眼界大小常决定一个人的发展空间。一立志，要有大理想大志向，没有较大志向，想着混吃混喝就行，往往连这都保不住；二坚持，确定的事就坚持住，克服困难，不为小利小便宜所动，不为小干扰小破坏所困，就是要努力向大目标迈进。**古语说：**"**志行万里者，不中道而辍足；图四海者，非怀细以害大。**"

【一迷万惑】

年轻时常因眼界限制看问题简单。一固执，听到风就是雨，拿着鸡毛当令箭，煞有介事，以为靠自己这一点小本事办什么都成，一接触事情就砸，遭遇挫折也不反思；二近视，就看眼皮底下一点小利，闹得天翻地覆，最后拣了芝麻丢了西瓜。一多学换位思考，二对人性有起码了解。**古语说：**"**一迷万惑。**"理智客观绝不吃亏。

【志立则心定】

年轻时无论如何还是要有志向。最怕一什么事都懒得做，只要混着有吃喝就行，人就没有了心气；二什么都不屑，觉得别人庸俗可憎，只有自己不俗。被人排挤，大才不得发挥，说明周围社会可恶。一肚子的火气。没心气有火气就没法真做事。**古语说：**"**志立则心定，心定则事成。**"有志气要放下来，从具体事开始。

【自胜】

年轻时有大志向，想有大作为，但一遇困难就怪环境，精神颓丧。
一到处埋怨，牢骚满腹；二什么都打不起精神，不想干事。一开始
不守时，放开了没约束。然后就是抱怨不停，豁出去，见谁骂谁。
还是一想办法做规划；二从小事做起，这是必要磨炼。*韩非子说：*
"志之难也，不在胜人，在自胜。"

【及时宜自强】

年轻时常缺少志向，一心想着过小日子舒服。其实难，一看到人努
力有进步心理又不平衡。看到不如自己的同学朋友发展得好就嫉妒
了，觉得他不怎么样，就是看不到人家努力；二小日子一开始觉得
还行，后来觉得一般般时，已没有条件改变了，消极颓丧都来源于
此。所以不如早立志努力。*古语说："有志诚可嘉，及时宜自强。"*

【实为先】

年轻时常忧心忡忡。一觉得自己命运把握不了，对前程没有预期，
觉得消极茫然。于是不愿意努力干活，索性什么都漠不关心；二觉
得自己不得了，要办的都是天下大事，动辄气吞山河，就是对自己
的前程事业没规划没想法。一先想明白自己的事情，二开始具体做
出来。*古语说："万事实为先。"*想什么都要落在实处。

【井底之蛙】

年轻时见识不开，见到一种说法就相信，井底之蛙还以为高明。还是要多了解各种说法学派，先心平静气才有进步。但学习任何专业，首先是坚持住，一看就有意思的，深入了还是有大量具体琐屑需要记忆的东西，要深入就得长时间熬住苦学。**古语说："学不博者，不能守约；志不笃者，不能力行。"** 多了解，能坚持。

【立即行动】

年轻时常有大志向，觉得自己人生不能埋没，要干一番。但一是确定目标很难，什么都不好做，只有玩容易些。任何技艺能力都有大量琐碎重复的内容必须掌握。就烦了；二是想到路径很难。看到别人好，心生羡慕却没什么办法进入，只好发泄抱怨。一、想明白，二、立即行动。**古语说："欲行千里，一步为初。"**

【期许】

年轻时对自己期许太高，总会有失落感，因为这山望着那山高，总会自怨自艾。一抱怨没碰到好人，周围都是害你的，二没碰到机会，周围的氛围不正。心态失衡，反而不成事。一努力干真显出来，二平常心看透了。是你的跑不了，基本公平还是有的。**古语说："人心蔽于好胜。"** 争取更多不纠缠，有能力机会多的是。

【取舍】

年轻时总觉得自己全才，能干一切。其实不可能。一自己眼界有限，看到的就是这么一块，不可能什么都想得明白。多操心也无济于事；二自己才能有限，就是有些长处也只在一些方面，会这个就难会那个，乱干事也事倍功半。在擅长的方面想透做好，充分发挥，你已经不可限量了。古语说：“有所取，必有所舍。”

【怕两头】

年轻时怕两头：一怕志向太大，二怕没志向。没志向就没进步，当代社会温饱容易，过小日子只抱怨没有机会也容易；但志向太大，不切实际却往往受鼓励。家里认为这样总比瞎混强，外人更不点破，往往志大才疏，说话口气天大，具体做事无能。一要定明确目标，二要有明确路径。古语说：“大嚼多噎，大走多蹶。”

【怕人骂】

年轻时常会怕人骂，怕人嘲笑。一气就跳，看到外人的揣测或有深心的谣言就痛苦不堪，百口莫辩。三人成虎的事情所在多有。一要想开点，心态好些，有主见，行得正坐得直不怕；二也要小心，绝不贻人口实，想周全，用事实还击，就不给你留下捣乱的空间，气死想找事的。古语说：“不做亏心事，不怕鬼叫门。”

【 春山外 】

年轻时要看得远些，打算得大些。年纪大了，家累重精力差，就定型了。年轻就有机会把目标定大、定远，因为一切都还在未定之天。不计较眼前的一点小利，不算计一时的得失。对发展有利，不能只看到眼前利益的事，如学习一定要舍得付出。世界大得很，须知道天外有天。古语说："平芜尽处是春山，行人更在春山外。"

第十一章

温故就知新

有些很幼稚的论点，其实不值一笑，还真有人当回事，觉得是真理。

【 女拆白党 】

南方朔引民国时代《上海黑幕一千种》讲女拆白党："今之女拆白党，则先不惜以身为饵，一吞其钩，则如附骨之蛆，百计不能自遣，明目张胆，剥肤敲髓，势不满其欲壑不止，即据而讼之，彼亦振振有辞，其随时势而进化欤？现女拆白之名，已洋溢乎中国。"这些"仙人跳"之类，是古今中外常见的，人性并无改变。

【 巨人 】

一气读完尼尔·弗格森《巨人》，这是关于美国霸权的力量和弱点的杰作。他不是把历史变成偏见和奇闻的小丑，而是真正有大视野的历史学家。这本写于十年前的书说得真准："如果美国最终顺从了来自国内外的政治压力，还没取得经济重建工作的成功就从伊拉克和阿富汗撤军，这样的场面也不是我们不熟悉的。"

弗格森的《巨人》让我感慨，人家也是畅销历史书，但有大历史观又生动。我们不少通俗历史真缺少视野和理性。我们常靠微博上一些讲秘闻或骂人宣泄、借古讽今、玩瞎起哄的小花活儿帖子觉得自己就知道历史了，其实更偏执糊涂。当年的房龙、林汉达也比这些强太多。像弗格森的《文明》《帝国》，让人头脑更清晰。

【 斯诺登 】

感觉斯诺登是 20 世纪互联网时代第一个传奇人物。他像北岛的诗"在没有英雄的时代，我想做一个人"。他的命运离不开大国的博弈。他的理想和众多不同利益重叠纠结。他体现了来自互联网的对于国家力量的冲击和新的想象和国家力量的较量。他在幽暗处挣扎沉浮，未来取决于世界权力的转移，他也促进了这转移。

【 足球 】

与足球运动相似，今天的中国社会在一些方面也是一个"只培养足球评论员，不培养球队"的社会。越是广受关注的领域，人们对其改革、进步的期待就越大，但没人对具体的改革举措进行理性分析，结果在各方关注之下，改革的成效却十分微弱。足球的现状戳破了一改就灵、快改快灵的观点。

【 足球 】

足球没踢好，人们都去数落体制问题，不去考虑具体的改革措施是否有效。几乎在所有体育运动中，足球改革幅度可以说是最大，但成绩却是最为黯淡、最受争议的，再去说体制有问题，就是偷懒。足球不是一改就灵的运动，盲目在这方面追求快速见效，只会助长从球迷到整个中国社会的躁动情绪。

【端午】

农历五月五日是端午，宋人陈与义临江仙有境界："高咏楚词酬午日，天涯节序匆匆。榴花不似舞裙红。无人知此意，歌罢满帘风。万事一身伤老矣，戎葵凝笑墙东。酒杯深浅去年同。试浇桥下水，今夕到湘中。"读屈子感怀无限。酒杯深浅不变，但心境却在变。无法扭转时间的旅程，但可以用祭奠铭刻生命的痕迹。

【手机】

手机像我们的一个器官。生活越来越依赖手机。这是爱迪生当年发端的创造的后果。他穿越到今天，未必会感到惊奇，以他的大才，一定早就想象我们会做出这样的事情。他会和科学家讨论手机的原理，和文学家讨论手机和想象的关系。对科学家，手机功能是否强大重要，对艺术家，会思考手机激发的人性变化。

【移民】

1980 年《人到中年》里讲一对医生夫妇移民，那是新鲜事。90 年代是《北京人在纽约》《曼哈顿的中国女人》流行的时候，一些人觉得在国内没希望，也走了。当年封闭，还有人对别人移民有意见。今天说想移民，赶紧走，没谁关心，什么理由都无所谓。到哪里过得好大家都为你高兴，就怕老在这里嚷嚷却不走，就没意思了。

【 所谓真理 】

微博里许多意见，发表时都以为是真理，是了不起的高见。如果这样的真知灼见都不支持，就说明反对者是坏人，是和真理对立的。哪里有这样的事？太把自己当回事，其实是说大话，不是唬人就是憨直，一定有人煞风景，让你不高兴。互相反对中，意见也就平衡了。还是得想开些，都只不过是一派的一种说法而已。

【 无赖 】

历来有些流氓无赖，知道自己没能力不肯干活，就靠着投机获得一点价值，然后有愿意利用他们搞事的就在后面挑唆起哄。公司单位都会碰到这种情况。年轻人往往见到这样不用干活靠瞎混能得好处就跟着学。其实这样的路一定走不远，谁都只利用你一下子，最后惨的是自己。

【 "70 后" 】

"70 后" 一代开始主导怀旧消费："70 后" 生长于计划经济时代，再碰上市场经济时代，他们文化主体性比较复杂。20 世纪 90 年代末，他们刚开始发出声音，就被 "80 后" 青春代表人物抢去了风头，到现在也没有自己的代表人物和讲述者。父辈的眼光直接越过他们，看到 "80 后" 及以后了。现在才开始讲自己。

【预言】

20 世纪 90 年代很多人预言中国必然崩溃，还给出了具体时限，这些聪明人失算了，用期望代替事实。今天还有人继续这么说，也是他们的期望，一定还会失算："我可以给你一个列举了那个国家及其机构的一百个严重问题的清单，但迄今为止，我总能列出中国那些由个人或社会机构体现出来的抱负、理想和力量。"

【中产化焦虑】

生活方式转变的文化表征："80 后""90 后"成为中等收入者后备军，城镇化的进程带来的土地价格的高速增值和收入快速增长带来的普通劳动者迅速中产化，开始了加速的中产化进程。中等收入者受到物质和精神多重"问题群"困扰，像房价和环境等焦虑，上升和完成不足的困惑等都形成了新的挑战。

【美国】

最近的电影，《中国合伙人》《致青春》《北京遇上西雅图》，美国都是重要的角色。这是全球格局重整中的中国精神复杂性的表征。很像 19 世纪末到 20 世纪 30 年代，美国人精神上对欧洲的仰慕。美国此时实力已不得了，但精神上并无自信，不少知识人不喜欢本地状况。如亨利·詹姆斯或海明威都到欧洲。精神确立还有很长的路要走。

【 怀旧与前行 】

《中国合伙人》中的"60 后"和《致青春》的"70 后"相映成趣。
应该说，陈孝正是上着成东青的学校考过托福到美国去的。郑薇和
成东青都经历了感情的变化，都强烈地追求爱情，但陈孝正为了到
美国抛下郑薇，而成则被女生抛掉。《致青春》里为情而伤，《中
国合伙人》则为梦想继续向前。中国中产的怀旧感伤和前行的力量
正是混合在一起的。

【 物质 】

《中国合伙人》把 20 世纪 90 年代那个一切不确定、许多人很迷茫、
物质生活困窘的时代表现得格外有力。在那样的时代，被物质的困
乏逼出的梦想却带着人们走向了他们自己都不敢想象的世界的大舞
台。我们的同代人所做出的一切足以让人们骄傲。今天的年轻人一
切都比那时好得太多，需要的是不被打垮的勇气和力量。

【 合伙人 】

看《中国合伙人》，真的感动。怀想大家开始共同旅程的北大 32
楼的岁月。这是以 20 世纪 80 年代做引子，却以 90 年代为中心的
电影。这是以美国梦开始，却歪打正着变成了一个现实的中国梦的
故事。像《甜蜜蜜》里从香港飘零美国的那对男女，今天世界的一
切已经改变。中国的命运已经清晰，梦想的旅程在延伸着，感受力量。

【中小学数学】

都说中国的中小学数学水平高，但最近流传很广的帖子，就挑战小学数学。其中说："雅安总人口 153 万，有三家公司总共捐款加起来是 1 亿 6 千万，平均分给每个人是 105 万左右。"愤怒质问钱到哪里去了？这是最简单的除法，是一亿六千万除以 153 万，得数是 105 左右，哪里来的 105 万？这显然是满怀恶意的造谣惑众。

【虚幻】

20 世纪 80 年代是从计划经济里脱离的时代，有物质匮乏的苦恼现实，但大家都相似的困窘使得精神的追求更重要。王朔早期小说中的男主角都是脱离了计划经济体制，虽然也没有钱，却对于体制内的女性产生吸引力。他们是以一种无拘无束的姿态和嘲讽的语言展示魅力的。这些在 90 年代之后就成了虚幻。

【虚张的正义】

就像现在微博上人也并不关心真实情况实际是什么，只是要在狂欢中嘲笑一下他不喜欢或感到压力的权威等，像郭美美和红十字会之类，许多人并不关心真相如何，而是看到权威出丑获得快感，没有多少政治性。后现代的"炒作"让人获得快感，大家从虚张的正义中得到乐趣。有些简单的政治性的解释其实是夸大的。

【新编辑部的故事】

《新编辑部的故事》的意义：当年朦胧感知的一切都有了现实真切的展开。好多物质渴望已实现，但我们精神的困扰和焦虑越演越烈。当年答疑解惑的《人间指南》，成为网络文化附属品的《WWW》。已经不再是语言的"骗"，而是靠夸张的形体动作和大胆的作秀表演。故事推进由骗变成了炒作。

【致青春】

赵薇《致青春》中郑薇两段爱情逝去是青春消逝，一逝于父辈不伦之恋，性的欲望所造成的冲击；一逝于不顾一切的物质欲望的追逐。通过对单纯的追怀，在今天平淡的日常生活和固定的身份中追寻一去不复返的超越性。这里的男性都弱，受束缚，女性都有坚强性格。
《致青春》和《新编辑部的故事》都说明20世纪90年代是今天的起点。

【及物与不及物】

看赵薇的《致青春》，看到怀旧由"60后"怀80年代，转到"70后"怀90年代。80年代要从计划经济中挣脱，自我是精神性，不及物的；90年代是真正全球化，建立市场经济的初期，自我中就包含了更为现实的欲望和焦虑，及物了。这部电影中关于钱的焦虑就非常真切。电影是在今天市场化完成时，主流白领缅怀失落的单纯。

【杂感】

看网上有人说"亡国"概念过时了，说只是政权终结，无所谓。闹得像利比亚、伊拉克都不能说亡国，是好事。这说法也有趣，但最好去和美国人、以色列人谈谈。看看他们是否有这么大度，被人占领也高兴。民族国家还是世界的基本单位，没有国家，就像吉卜赛人让人到处驱逐。这高调不是可爱得过度就是另有怀抱。

【跨界】

《第一财经周刊》有关于高晓松、郭敬明和罗永浩的一篇解析。三人都有争议，但都是跨界工作有点影响的。共同特点：认真。有七个要素：1. 好奇心。2. 学习。3. 知识管理，整合自己看到听到的。4. 细节。5. 把握需求，了解受众在哪里。6. 善用时间。7. 聪明，就是知道自己要什么。

【微博舆论】

微博上面的舆论已经相对平衡了。无论公知五毛，都得习惯被质疑，都得面对嘲笑批评。多数人在中间，只是略有偏向而已。微博刚开始时，是一种特殊的倾向占据了主导地位，但激发了对立面的危机感，也出来讲话，谁也不能说就代表微博的民意，而是一个小部分。你说别人傻，也一定有人说你傻。都得习惯这现实。

【过激】

南方朔讲过一个故事，说当年德国狂飙时代的学者福斯特"政治上狂热无比，成为民粹雅各宾派领袖"。他死的时候，歌德写了一首讽刺诗，其中有句曰："啊哈，当群众呼叫着自由、平等／我就想快快跟随／因为走楼梯太慢／我就干脆从屋顶上跳了下来。"这就是个幽默，过激常常是从楼上硬往下跳，爽但是无效。

【寸铁杀人】

以前写一篇文章，动辄千字以上，要是搞学术的写篇论文，更是得上万字方能讲清楚。这个在微博怎么弄呢？才140个字。但这140字，其实是有很大空间传递各种信息和观点的。所谓寸铁杀人、禅宗点化，微博要求一下子就能点到让人共鸣或生气的地方。比起传统媒体，它需要的是一种强刺激。

【博客十年】

博客十年，究竟启示了什么：博客这个盘子实际上也没有减少，因为本来很多人的博客就写得很短。我的判断是，博客已经告别"人人博客"的时代。经过大浪淘沙以后，留下的都是各有特点专长的"专业博客"，吸引的是固定的群体圈子。微博和博客是可以互动的，看微博有意思，再去看博客。

【明星移民】

当年《建国大业》上映的时候，就有人批评有些明星移民了，还说爱国不应该。到今天还有不少人有这样的意见。其实不然。过去爱中国就只能是奉献牺牲，这很可贵，今天也需要。但今天的中国能够让爱中国的人分享发展的成果，让入了外国籍的人都能感到在这里发展的价值，不是中国的光荣和分量吗？这真是好事。

【狭隘】

网上有人说入了外籍回中国赚钱不对，这很狭隘。当年穷得叮当响，别人走都来不及，哪有人看得上？挣得到钱都会来，也有贡献，老挣也就走不了了。现在外国人在中国发展的多得是。谁都不傻，环境再好没有赚钱机会的地方去了也没辙，还得回来。想走的随便走，没人拦，何必讲半天移民的理由？在哪里合适都好。

【大城市犯罪率】

《周末画报》一期引《德国之声》报道《中国大城市犯罪率低》："中国人口总数排第一，比起其他新兴国家的大城市，治安则相对良好，据联合国公布的谋杀犯罪率统计，有 13 亿人口的中国仅略高于 8000 万人口的德国。"这些事不能听忽悠，还是得看实际。欧洲美国大城市的一些街区治安如何是人都明白。

【杂感】

美国的公立学校质量如何？一些街区是不是安全，小孩能不能随便自己乱走，都明白。当然你有实力，能够住高级街区，上私立或高级公立学校，就没问题。现在想移民没有任何障碍，你在美国过得好，我们都高兴。过去中国出去难，真是不应该。现在是随便走，谁反对就是小心眼儿。不会有这么不开窍的。

【政治人物】

人们把重要的责任交给你，无论如何你不能让国家垮掉和崩溃。虽然有主客观诸多条件的限制，但你必须突破这些限制走向成功，获得经济和社会的发展，国家更加兴盛，而不是崩溃或让对手获胜。无论有什么样的政治理想，但政治人物用各种方法维护自己国家的利益才赢得同道和对手尊重。

【撒切尔夫人】

撒切尔夫人的担当值得尊重：她并不取悦媒体和公众，能够承担责任，面对后果。一个领导人能够承担责任才会让下属和同道感到力量，受到激励，才能更好地执行并实现目标。有些时候甚至会有诸多的不理解和反对，但只要坚定地实现了目标，让社会确实有了变化，时间会有相对客观的结论。

对撒切尔夫人的追怀让人明白，对于政治人物而不是浪漫幻想的文人或瞎忽悠的混混，普世价值的最重要部分是捍卫国家利益。像马岛的战争，真说不上什么普世价值正义之战。世界的多数人都反对，连被认为最普世的美国都出来劝她忍了，但就是要打。在香港问题上的和也是要保住最大利益。不说虚的，这很普世。

撒切尔夫人逝去，引起互联网意见分歧。但她不是随风倒的墙头草，前倨后恭的变色龙，不是第五纵队，不是多面人，不是懦弱窝囊天真憨傻自甘失败的笨伯。她本来就是要打败对手的。右派能做到这样就了不起，左派能有这样的对手而挺得住也值得。**观点各异，但意志力和对国家的忠诚到哪里都值得人们尊敬。**

【死亡】

昨夜星辰：难过几天之后，生活仍然按原来的轨道继续下去。死亡不会触动得太久，因为我们最后都要经历这一切。这些偶然死者可能是昨夜星辰，曾经闪亮过一下就无缘无故地熄灭了。我们自己的生命也这样脆弱，也最终有熄灭的一天。但无缘无故的一切仍会让我们看到生命的真切隐喻。

【偶然】

我们认为自己的一切有一些可以确定的东西，其实未必正确。偶然来到世界上，又偶然地结束生命。生命本身就是一个偶然，偶然可能正是生命的必然所在。

【清明】

清明，是追怀祖先的时刻，更是踏青郊游、享受春天的美好的时刻。中国人内心是乐观的，追怀祖先和享受春天正好在这一天融合为一了。宋人方岳有诗咏清明，格外潇洒："半醉半醒清明酒，欲晴欲雨杏花天。春能酝藉如相识，柳自风流不肯眠。"这种率性通达的态度和对于自然的敏感，才是真正的中国情怀。

【环境】

公众期望经济发展，也期望环境生态保护。发达国家往往是先发展，后治理和改善环境。但中国现实是公众期望同时两者兼得。中国前三十年的发展初期就对环境问题有相对比较充分的认识和社会共识，但发展过程中还是出现了严重的不平衡。让发展和环境更平衡，是社会长期的困扰和挑战。

【福利】

西方"福利国家"是在比中国经济发展高得多的层面上设计的，也面临着多重挑战和问题。中国的社会保障和福利既要高速的发展，也要和自身条件相适应。这就需要制度的设计更为合理，平衡各种利益关系。既要强化社会保障，也要让公众明白，辛勤工作和积极创造仍然是一切幸福的源泉。

【理性看世界】

王蒙有个说法可以参考："中国的事决定于十几亿人的合力。包括妥协和包容，谁都不可能太舒服。轻举妄动，意气用事，高调虚火，声嘶力竭，手舞足蹈，呼天抢地，唯我独尊，只能害人害己，一事无成，丑态百出。""你必须以逸待劳，你必须心怀久远，你必须从容不惊，你必须举重若轻。"*理性看世界要紧。*

【黄鹤楼】

新加坡大诗人潘受，近体有独到处，咏黄鹤楼："谪仙未敢题诗处，海客狂怀啸忽开。芳草空余鹦鹉赋，残基曾踏凤凰台。剩携秃笔三生泪，难写神州百劫哀。今日倚楼试招手，白云重望鹤飞来。"故国的命运是诗人的关怀。王蒙评"剩携秃笔三生泪，难写神州百劫哀"是"沉痛深沉，寥廓空茫"。

【奶粉】

内地婴儿儿童奶粉究竟质量如何？需要弄清楚，现在不要瞎起哄，发议论。安全不安全，还得看检验。实实在在地检验一下本地的婴儿或儿童奶粉究竟怎么样。从超市里拿出来就去检验，要真靠得住的检验。经历了当年三聚氰胺的严重危机，今天是不是还那样，弄清楚了就行了。**现在都是说看法的多，还得看证据。**

【饿狼】

王蒙有个说法，聊供参考："农村四清时的一个故事，农民甘愿选举一个有过多吃多占记录的四不清者继续当干部，不愿选一个记录干干净净的新人当干部。农民说，某某虽然曾有过多吃多占，毕竟是饱狼啊，如果选上一个饿狼，我的天！我们的洁癖的知识分子，一旦掌上一点点小权，会不会显出饿狼的嘴脸来呢？"

【部落化的互联网】

互联网舆论应有多样声音：互联网在某些方面是部落化的，形成不同的群落，反而强化了某种固定的观念，形成了更为狭窄的视野。一旦不同的人进入，让在这样的小环境中感到舒适的人有所不快。这种不快往往会形成强烈的反感，期望避免听到不同的声音，对于新来者有驱逐之的欲望和冲动。

【心事情怀】

一百年前的 1913 年，南社诗人高旭有一首咏春节的诗，感慨深沉，颇有意味："新朝甲子旧神州，老子心期算略酬。摇笔动关天下计，倾尊长抱古人忧。剧怜肝胆存屠狗，失笑衣冠尽沐猴。满地江湖容放浪，明朝持钓弄扁舟。"百年岁月相隔，但诗人的心境却如在目前。豪迈、忧患和超然都让人感受中国人的心事情怀。

【新年】

又到了中国人的新年，过去一年，我们都有了变化和成长。人总需要新的开始。一要有新计划，确定目标，努力实现。否则生活就会松懈，人生就很颓丧。打起精神专注干好自己的事；二保持乐观，挫折和不如意其实难免，但乐观向前，就能克服和化解。《礼记》说："君子爱日以学，及时而行。"珍惜光阴做好自己。

【杂感】

农历正月初七为人日（农历节日，传说女娲初创世，在造出了鸡、狗、猪、牛、马等动物后，于第七天造出了人，所以这一天是人类得生日。——编者注），有个讲究，晴朗就是大吉，阴冷有雨雪就不吉利。陆游遇到蛇年，却是雪雨连绵，他咏人日雪："病卧江村不厌深，貂裘无奈晓寒侵。非贤那畏蛇年至，多难却愁人日阴。衰

袅孤云生翠壁，霏霏急雪洒青林。一盂饭罢无余事，坐看生台下冻
禽。"陆游的心境和天气一样，今天晴天，我们的运气应该更好。

【一点一滴】

我们每个人的世俗理性一定超过浪漫幻想，我们经历得太多，已经
有许多人在给我们上课，从俄罗斯到中东，这些课都很有启发性，
这启发很现实，也很有用，不会让大家轻易忘记。世界上的事有些
时候就这么明明白白，让谁输掉一切去赌一场没谱的局，大家都不
敢。一点一滴的改进就是希望。

【常识】

有些很幼稚的论点，其实不值一笑，还真有人当回事，觉得是真理。
如说奥运会得冠军是个人的事情，和国家实力等毫无关系。当然这
是个人的能力所在，没人不知道，但和国家实力之间关系，看看金
牌榜傻子都明白。硬这么说除了起哄没别的价值。国家在西方主流，
连诺贝尔文学奖也得的多。这没的讨论，是常识。

【流言】

年轻时都乐于相信一些模模糊糊的暧昧流言，因为这很有趣，也满足我们对于陌生事物神秘黑幕的想象。王蒙说："有些人传播流言，并无太大的不良意图。对当事双方都无冤无仇，只是一种业余爱好，一种缺少谈资的苦闷中的信口开河，一种缺乏娱乐活动条件下的代娱乐。我称之为'为艺术而艺术'，不必认真。"

【登高】

登高是古人的幽情所在，从空间的寥廓感慨时间的苍茫。这首李益的《登鹳雀楼》和王之涣很不同，但感慨格外深沉："*鹳雀楼西百尺樯，汀洲云树共茫茫。汉家箫鼓空流水，魏国山河半夕阳。事去千年犹恨速，愁来一日即为长。风烟并起思归望，远目非春亦自伤。*"登高远望，一片河山，无尽感慨。兴替变幻中追问命运。

【大话欺人】

年轻时常会认为大言欺人，善于吹牛许愿的人就是有理。因为他的话对你的胃口，但凡是对你胃口给你很大幻想的承诺多数靠不住。两种说法基本靠不住：一、承诺按他的做一定成功的，让你不努力就好的；二、自己说了兑不了现就一个劲儿赖别人的。这些人其实也就是各个领域的王林。**古语说："无悦簧言。"**一笑置之。

【看到希望】

刘禹锡的诗，真是通达慷慨，最广为人知的赠白居易的那首，今天
看也真有力量："巴山楚水凄凉地，二十三年弃置身。怀旧空吟闻
笛赋，到乡翻似烂柯人。沉舟侧畔千帆过，病树前头万木春。今日
听君歌一曲，暂凭杯酒长精神。"经历了岁月的磨洗仍然乐观，个
人的沉浮其实不足道，人要看到希望，面对未来。